# MATHEMATIK 9
## NEUE WEGE

# ARBEITSBUCH
# FÜR GYMNASIEN

## LÖSUNGEN
## NIEDERSACHSEN

Herausgegeben von

Henning Körner

Arno Lergenmüller

Günter Schmidt

Martin Zacharias

**Schroedel**

MATHEMATIK NEUE WEGE 9
Arbeitsbuch für Gymnasien

Lösungen
Niedersachsen

Herausgegeben und bearbeitet von

Armin Baeger, Miriam Dolić, Frank Förster, Aloisius Görg, Prof. Dr. Johanna Heitzer, Charlotte Jahn, Henning Körner, Arno Lergenmüller, Kerstin Peuser, Michael Rüsing, Jan Schaper, Olga Scheid, Prof. Günter Schmidt, Thomas Vogt, Laura Witowski, Martin Zacharias

Für Niedersachsen bearbeitet von:
Henning Körner, Jan Schaper, Olga Scheid

© 2016 Bildungshaus Schulbuchverlage
Westermann Schroedel Diesterweg
Schöningh Winklers GmbH, Braunschweig
www.schroedel.de

Druck A[1] / Jahr 2016
Alle Drucke der Serie A sind im Unterricht parallel verwendbar.

Redaktion: Kira von Bülow
Grafiken: imprint, Ilona Külen, Zusmarshausen
Umschlaggestaltung: Janssen Kahlert Design & Kommunikation GmbH, Hannover
Umschlagbild: plainpicture, Hamburg (Martin Langer)

Druck und Bindung: westermann druck GmbH, Braunschweig

ISBN 978-3-507-88660-5

# Inhalt

**Kapitel 1**
**Ähnlichkeit**

**Kapitel 2**
**Reelle Zahlen**

**Kapitel 3**
**Satzgruppe des Pythagoras**

**Kapitel 4**
**Vierfeldertafeln und Baumdiagramme**

**Kapitel 5**
**Quadratische Funktionen und Gleichungen**

**Kapitel 6**
**Kreisberechnungen**

**Kapitel 7**
**Trigonometrie**

# Vorbemerkungen

Dieses Lösungsheft richtet sich in erster Linie an die Lehrenden.

Die Lösungsskizzen gestatten einmal einen schnellen Überblick über Anspruch und Intention der vielfältigen Aufgaben, zum anderen weisen sie vor allem bei den komplexeren und offenen Aufgaben auf verschiedene Lösungswege hin, wie sie von den Lernenden individuell beschritten werden können. Zusätzlich erläutern die kurzen didaktischen Hinweise vor den Lösungen zu jedem Kapitel noch einmal die konzeptionellen Anliegen der einzelnen Kapitel.

Die Lösungen und Lösungshinweise sind andererseits aber von der Sprache und dem Umfang so gehalten, dass sie je nach der gewählten Unterrichtsform und Entscheidung der Unterrichtenden meist auch den Lernenden zur Verfügung gestellt werden können. Dies entspricht unserer Auffassung von eigentätigem und selbstständigem Lernen und dem Erwerb von Lernstrategien, die diesem Buch zugrunde liegt.

Viele Aufgaben in diesem Buch sind auf selbsttätige Aktivitäten ausgerichtet und fördern erfahrendes schüleraktives Lernen durch handelndes Entdecken von Sachzusammenhängen in Experimenten und offenen Aufgabenstellungen. Häufig werden verschiedene Lösungswege explizit herausgefordert. Insofern stellen viele der dargestellten Lösungen nur eine von vielen Möglichkeiten dar. Bei Aktivitäten, die auf Erfahrungsgewinn durch Handeln zielen, haben wir teilweise auf die Darstellung von Lösungen verzichtet und vielmehr die bei der Bearbeitung durch die Schülerinnen und Schüler aktivierten Kompetenzen und Denkprozesse für binnendifferenzierende Ansätze im Unterricht erörtert.

# Zu diesem Buch

Dieses Buch verfolgt hinsichtlich Konzeption und Gestaltung den für Mathematik NEUE WEGE typischen, alternativen Ansatz eines Schulbuchs für den Mathematikunterricht am Gymnasium. Es greift schüleraktiven, problemorientierten Unterricht als Alternative zu einem traditionellen Unterrichtsgang auf und berücksichtigt in mehrfacher Hinsicht die konstruktiven Ansätze, die im Zusammenhang mit der Diskussion um die Allgemeinbildung im Mathematikunterricht und über die Ergebnisse und Folgerungen aus der PISA- und TIMS-Studie in den letzten Jahren entwickelt wurden:

1. Das Buch unterstützt eine Unterrichtskultur, in der die absolute Dominanz des Grundschemas:
   kurze Einführung → algorithmischer Kern (Kasten) → Üben
   überwunden wird zugunsten einer **Methodenvielfalt mit offenen und schüleraktiven Lernformen.**

Dies zeigt sich zunächst in der Gliederung jedes Lernabschnittes in drei Ebenen grün – weiß – grün. In der **1. grünen Ebene** werden **verschiedene treffende Zugänge zum Thema** des Lernabschnitts angeboten. Dies geschieht in Form von interessanten, aktivitäts- und denkanregenden Aufgaben, die die unterschiedlichen Interessen und Lerntypen ansprechen. Die alternativ angebotenen Aufgaben zielen auf die aktive Auseinandersetzung mit den Kerninhalten des Lernabschnitts. Sie sind schülerbezogen, situationsgebunden und handlungsauffordernd gestaltet und knüpfen an die Vorerfahrungen der Lernenden an. Sie sind weitgehend offen formuliert und regen zu unterschiedlichen Lösungsansätzen an.
**Die weiße Ebene** beginnt mit einer kurzen Hinleitung zum zentralen Basiswissen, das im hervorgehobenen **Kasten** festgehalten wird. Anschließend wird dieser Inhalt auf vielfältige Weise auf-

und durchgearbeitet und gefestigt (→ „intelligentes Üben"). Die **Aufgaben** hierzu sind kurz und abwechslungsreich, sie beinhalten neben dem operatorischen Durcharbeiten auch Anwendungen und Vernetzungen, selbstverständlich auch Übungen zum Ausformen von Routinen. In eigens gekennzeichneten Icons werden Möglichkeiten zur Selbstkontrolle und Tipps zum eigenständigen Lösen angeboten.

**Die 2. grüne Ebene** ist der **Erweiterung und Vertiefung** gewidmet. In dieser Ebene befinden sich die fakultativen Inhalte eines Lernabschnitts. Ein wesentlicher Gesichtspunkt ist dabei die Einbindung der Aufgaben in Kontexte und Anwendungen. Ein zweiter Aspekt zielt auf offenere Unterrichtsformen (Experimente, Gruppenarbeit, Projekte), ein dritter auf passende Anregungen zum Problemlösen (Knobeleien). Die Aufgaben sind auch äußerlich unter solchen Aspekten zusammengefasst. Zusätzlich finden sich hier auch lebendig und anschaulich gestaltet Lesetexte und Informationen.

2. Den Aufgaben liegt in allen Ebenen eine Auffassung des **„intelligenten Übens"** zugrunde.

Dies richtet sich in erster Linie wider eine einseitige Ausrichtung an schematischem, schablonenhaftem Einüben von Kalkülen und nacktem Begriffswissen zugunsten eines vielfältigen Übens des Verstehens, des Könnens und des Anwendens. Intelligentes Üben bedeutet nicht, dass die Aufgaben überwiegend auf anspruchsvollere Fähigkeiten und komplexere Zusammenhänge zielen. Es sind auch hinreichend viele Aufgaben vorhanden, die einfaches Können stützen und dies auch für den Lernenden erfahrbar machen. Weitere Konstruktionsaspekte beim Aufbau der Aufgaben zum intelligenten Üben:

- Die Übungen sind nicht als vom Lernvorgang isolierte „Drillphasen" abgesetzt, vielmehr sind sie Bestandteil des Lernprozesses.
- Die Übungen sind im Umkreis von einfachen Problemen angesiedelt und durch übergeordnete Aspekte zusammengehalten. Die Probleme erwachsen aus der Interessen- und Erfahrungswelt der Schüler.
- Die Übungen ermöglichen auch häufig kleine Entdeckungen oder vergrößern das über die Mathematik hinausweisende Sachwissen. Auf diese Weise kann Üben dann mit Spaß und Freude bei der Anstrengung verbunden sein.
- Die Übungen sind häufig produktorientiert. In der Geometrie geschieht dies durch das Herstellen von Körpern oder das Zeichnen ansprechender Muster oder Figuren. In anderen Bereichen können selbst (Sach-) Aufgaben oder eigene Zahlenrätsel, Diagramme und Berichte o. ä. erstellt werden.

3. Stärkere Berücksichtigung von Aufgaben
   - für offene und kooperative Unterrichtsformen
   - mit fächerverbindenden und fächerübergreifenden Aspekten
   - zur gleichmäßigen Förderung von Jungen und Mädchen
   - mit der Möglichkeit zum Vergleich unterschiedlicher Lösungswege
   - für den konstruktiven Umgang mit Fehlern
   - für das Bewusstmachen und den Erwerb von Strategien für das eigene Lernen

4. Die Fähigkeiten zum Problemlösen werden kontinuierlich herausgefordert und trainiert.

Dies geschieht unter zwei Leitaspekten: Einmal wird in vielfältigen Anwendungssituationen der Prozess des Modellierens verdeutlicht und immer wieder mit allen Stufen eingeübt. Zum anderen werden die Strategien des Begründens und Beweisens und des kreativen Konstruierens behutsam an innermathematischen Problemstellungen entwickelt und bewusst gemacht. Für beide Aspekte werden hilfreiche Methodenkenntnisse und Strategien im übersichtlich gestalteten „Basiswissen" festgehalten.

5. Die Sprache des Buches ist einfach, griffig sowie alters- und schülerangemessen.

Das Buch unterstützt vom Kontext der Aufgaben und von der Sprache her die Entwicklung und den Ausbau von Begriffen als Prozess. Dazu dient auch die konsequente Visualisierung mit Fotos, Skizzen und Diagrammen, sowohl zur Motivation, zum Strukturieren, zum Darstellen eines Sachverhaltes als auch zum leichteren Merken von Zusammenhängen!

6. Das Buch unterstützt kumulatives Lernen, d.h. die Lernenden erfahren deutlich Zuwachs an Kompetenz.

Dies wird durch verschiedene Gestaltungselemente erreicht:
- Zunächst werden Wiederholungsaufgaben in Neuerwerbsaufgaben eingebettet.
- Zusätzlich erscheinen Wiederholungen im sogenannten **„Check-up"**. Hier gibt es übersichtliche Zusammenfassungen und zusätzliche Trainingsaufgaben, zu denen die Lösungen am Ende des Buches zu finden sind.
- Am Ende eines Kapitels befinden sich übergreifende Übungen im Abschnitt **„Sichern und Vernetzen – Vermischte Aufgaben"**, deren Lösungen im Internet unter *www.schroedel.de/NW-88658* zu finden sind. Hier werden gezielt Übungen den Aufgabenbereichen *Trainieren, Verstehen* und *Anwenden* zugeordnet, um die Fachinhalte eines Kapitels vertiefend zu behandeln und das Verstehen der jeweils dahinterliegenden mathematischen Fertigkeiten zu fördern.
- Dem Aufgreifen und Sichern von früherem Wissen und Fähigkeiten sowie zur vernetzten und binnendifferenzierenden Gestaltung von Unterricht dient ein weiteres Element, die sogenannten **„Kopfübungen"**, die häufig am Ende der weißen Ebene auftauchen. Die Kopfübungen beinhalten kleine Aufgaben zu Basiswissen und Basisfertigkeiten. Diese greifen auf vorher behandelte Begriffe, Fähigkeiten und Fertigkeiten zurück.

7. Das Buch wird eingebettet in eine integrierte Lernumgebung.

Diese Elemente sind:
- Aufforderungen und Anregungen zur **Nutzung von „elektronischen Werkzeugen"** Graphischer Taschenrechner (GTR), Tabellenkalkulation (TK) und Dynamischer Geometriesoftware (DGS) und des Internets in vielen Aufgaben und Projekten des Buches.
- Ausführliche Kommentare und Anregungen zur Vermittlung wesentlicher Kompetenzen und Basisfähigkeiten in **didaktischen Kommentaren** zu den einzelnen Kapiteln des Buches im Lösungsheft und in digitale Begleitmaterialien.
- Zusätzliche **Übungsmaterialien** in Kopiervorlagen (Doppelbände für die Jahrgangsstufen 5/6, 7/8 und 9/10). Diese unterstützen und erweitern insbesondere die im Lehrwerk bereits konsequent berücksichtigten Anliegen des Aufbaus grundlegender mathematischer Basisfähigkeiten und des kontinuierlichen Sicherns des dazu gehörigen Basiswissens. Sie bieten damit eine weitere effektive Hilfe für die Realisierung des kumulativen Lernens.

Auf das Buch abgestimmte
- **e-learning-Materialien**, mit denen einmal das selbstregulierte individuelle Lernen (Adaption an das Lernerprofil) gestützt wird und zum anderen interaktive Zugänge zu Themenfeldern zum explorativen Lernen angeboten werden.

# Bemerkungen zu den Inhalten von Band 9

Die Inhalte decken das Kerncurriculum (KC) Mathematik für das Gymnasium, Sekundarstufe I, voll ab.

Für Band 9 liegen die Schwerpunkte in der
- Idee des Messens (Schwerpunkt in der Ähnlichkeitsgeometrie, in der Trigonometrie, in der Kreis- und Körperberechnung sowie in der Wahrscheinlichkeit).
- Idee der Zahl (Zahlbereichserweiterung zu den reellen Zahlen)
- Weiterentwicklung desVariablenbegriffs und des Arbeitens mit Variablen (Quadratische Funktionen und Wurzeln)
- In algebraischen, geometrischen und stochastischen Kontexten und Sachaufgaben wird die Idee des Modellierens kontinuierlich weiter ausgebaut.
- In den Übungsphasen liegt der Schwerpunkt zunächst in Übungen, die ohne digitale Werkzeuge bearbeitet werden sollen. Im weiteren Verlauf werden dann häufig und spiralcurricular Aufgabensequenzen für sinnvollen Einsatz von Technologien angeboten. Spezifische Möglichkeiten eines CAS werden an geeigneten Stellen, meist vor den Kopfübungen, behandelt. In den Einführungen werden immer wieder auch Erarbeitungen mit digitalen Werkzeugen angeboten.
- In allen angesprochenen Inhalten werden in größerem Umfang die Kenntnisse und Fähigkeiten zum Definieren und zum rationalen Argumentieren (Begründen und Beweisen) ausgebaut.

Im Kapitel **1** *Ähnlichkeit* wird der Zugang über Phänomene rund um ähnliche und nicht ähnliche Figuren gewählt, um damit zunächst Ähnlichkeit zu definieren. Dies wird dann benutzt, um maßstabsgetreue Verkleinerungen und Vergrößerungen durchführen zu können. In einem eigenen Lernabschnitt werden die Auswirkungen auf Flächen und Volumina untersucht, dabei werden insbesondere die Anwendungen in Natur und Technik herausgestellt. Der praktischen Bedeutsamkeit von Ähnlichkeitsbeziehungen zur Berechnung unzugänglicher Streckenlängen wird ein weiterer Lernabschnitt gewidmet.

Im Kapitel **2** *Reelle Zahlen* wird das Erfassen neuartiger Zahlen zunächst in vielfältigen Situationen eingeführt und dann der Begriff der Wurzel über die Umkehroperation zum Quadrieren festgelegt. Die Bestimmung von Wurzeln erfolgt vielfältig mit einfachen Schätzverfahren, mit dem Taschenrechner und in geometrischen Zusammenhängen. Ein zweiter Lernabschnitt ist dem algebraischen Rechnen mit Wurzeln gewidmet.

Der erste Lernabschnitt von Kapitel **3** *Satzgruppe des Pythagoras* widmet sich ausschließlich dem Argumentieren und Begründen. In den weiteren Lernabschnitten wird die Satzgruppe des Pythagoras behandelt. Neben den Anwendungen bei der Längenmessung stehen hier vielfältige Beweise im Mittelpunkt. Den Abschluss bildet ein Lernabschnitt zum Problemlösen, wie er durchweg in mehreren Inhaltsbereichen in Neue Wege auftritt.

Das Kapitel **4** ist wie die Kapitel zur Stochastik in Band 7 und 8 stark handlungsorientiert konzipiert. Im Mittelpunkt des ersten Lernabschnitts steht die Darstellung unübersichtlicher Situationen mithilfe von Vierfeldertafeln und Baumdiagrammen und das altersgemäße Erleben bedingter Wahrscheinlichkeiten. Der zweite Abschnitt führt die zuvor erworbenen Grundvorstellungen und Lösungsstrategien weiter, u. a. unter Einbezug von einfachen, z. T. klassischen Problemen aus der Wahrscheinlichkeitsrechnung mit historischen Bezügen. Hier wird das Zusammenspiel von experimentellen Erfahrungen und theoretischen Überlegungen betont.

Das Kapitel **5** *Quadratische Funktionen und Gleichungen* folgt in seinem Aufbau der Konzeption aus dem Kapitel *Lineare Funktionen* in Band 8. In einem ersten Lernabschnitt werden vielfältige Situationen und Phänomene aus Realsituationen und innermathematischen Zusammenhängen gezeigt, in denen quadratische Zusammenhänge auftreten. **5.2** und **5.3** haben einen innermathematischen Schwerpunkt. Es werden innermathematische Klassifikationen (Verschiebungen, Streckungen) und Lösungsverfahren für quadratische Gleichungen behandelt. In **5.4** und **5.5** stehen Modellieren und Problemlösen im Mittelpunkt. Es wird durchgehend viel Wert auf das Zusammenspiel von Graphen, Tabellen und Termen gelegt. Der Zusammenhang zwischen der quadratischen Funktion und der quadratischen Gleichung steht im Mittelpunkt. Mit dem Einbezug digitaler Werkzeuge wird Methodenvielfalt beim Lösen quadratischer Gleichungen (quadratische Ergänzung, Anwendung der Formel, Faktorzerlegung, graphische Bestimmung von Nullstellen und Extremwerten) angestrebt. Damit können auch viele interessante und realitätsnahe Anwendungsaufgaben selbständig bearbeitet werden. **5.6** wirkt der Verengung des Begriffs Parabel mit Graphen quadratischer Funktionen entgegen. Parabeläste tauchen als geometrisch konstruierbare Kurven, Hüllkurven und Kegelschnitte auf. Optional wird eine Weitung auf Wurzelfunktionen angeboten.

In Kapitel **6** *Kreisberechnungen* werden die Formeln zur Berechnung von Umfang und Flächeninhalt des Kreises mithilfe eigener Experimente einsichtig. Viel Wert wird dabei auf die funktionale Durcharbeitung der Formeln gelegt. Die Anwendung geschieht in einem eigenen Abschnitt im Zusammenhang mit vielen interessanten Kreismustern und Bezügen zur Lebenswelt der Schülerinnen und Schüler.

Der erste Lernabschnitt des Kapitels **7** *Trigonometrie* folgt dem bewährten Aufbau der Einführung der Winkelfunktionen am rechtwinkligen Dreieck. Die Definitionen werden inner- und außermathematisch motiviert. Viel Raum wird der Anwendung der Trigonometrie beim Messen unzugänglicher Strecken und Winkel gewidmet. In **7.2** wird die Behandlung der trigonometrischen Funktionen für beliebige Winkel mit Sinus- und Kosinussatz angeboten.

# Kapitel 1
# Ähnlichkeit

## Didaktische Hinweise

Der Begriff der Ähnlichkeit wird zu Recht als eine der fundamentalen Ideen in der Geometrie herausgestellt. In diesem Kapitel wird ein vielschichtiger Zugang zu diesem Begriff gewählt. Zunächst werden ähnliche Figuren erkannt und erzeugt. Über die Eigenschaften der Abbildung findet der Lernende einen dynamischen Zugang zu dem Phänomen der Ähnlichkeit. Die Strahlensätze werden eingebettet in das Bestimmen von unzugänglichen Streckenlängen; damit wird das in Band 7 bereits ausführlich betriebene Messen im Gelände erstmals über die Konstruktion hinaus um rechnerische Bestimmungen angereichert. Dies wird mit dem Satz des Pythagoras in diesem Band und schließlich mit der Trigonometrie fortgeführt. Die vor allem für viele Anwendungen relevante Bedeutung der Verhältnisse von Längen, Flächeninhalten und Volumina bei ähnlichen Figuren wird in einem eigenen Lernabschnitt erfahren. In diesen Lernabschnitt ist auch das Lösen einfacher Bruchgleichungen als notwendiges algebraisches Werkzeug sowie das Lösen von Gleichungen mit dem CAS integriert. Schließlich führt der Begriff der Selbstähnlichkeit zu einer spannenden Exkursion in die Welt der Fraktale und damit zu einer aktuellen Anreicherung der Beschreibung von Naturphänomenen mit einer ganz anderen Art von Geometrie.

Im ersten Lernabschnitt **1.1** werden zunächst mithilfe der maßstabsgetreuen Verkleinerung und der maßstabsgetreuen Vergrößerung die Eigenschaften und Beziehungen ähnlicher Figuren erschlossen. Das Herstellen maßstabsgetreuer Verkleinerungen und Vergrößerungen gelingt über entsprechende Streckenverhältnisse oder mit zentrischen Streckungen mit positivem Streckfaktor k.

Dem Verhältnis von Längen, Flächeninhalten und Volumina bei ähnlichen Figuren ist ein eigener Lernabschnitt **1.2** gewidmet. Hier wird insbesondere die Relevanz dieser unterschiedlichen Verhältnisse bei Phänomenen in der Natur und Technik in interessanten Anwendungen eindrucksvoll erfahren und damit ein schöner Ansatz zum fächerübergreifenden Arbeiten geboten.

Der Lernabschnitt **1.3** thematisiert die Strahlensätze im Umfeld des Messens im Gelände. Hierzu gibt es zahlreiche Übungen mit historischen und aktuellen Bezügen; in einem eigenen Projekt „Mit Maßband & Co. auf einer mathematischen Exkursion im Gelände" gibt es vielfältige Anregungen zum aktiven Anwenden im Rahmen einer mathematischen Exkursion.

Den Abschluss dieses Kapitels bildet ein kurzer Ausflug in die faszinierende Welt der Fraktale.

# Lösungen

## 1.1 Ähnlichkeit erkennen und erzeugen

**10** **1** *Bildbearbeitung*
    a) Bild (1) geht durch Ziehen an der Vertikalseite hervor, Bild (2) durch Ziehen an der Horizontalseite; Bild (3) erhält man aus dem Original durch Ziehen am Eckpunkt.
    b) Bild (1) und Bild (2) stellen eine Stauchung bzw. Streckung des Originalbildes dar. Damit ändert sich nur die Breiten- bzw. Längenskala, was einen Verzerrungseffekt gegenüber dem Original zufolge hat. Nur Bild (3) ist eine echte Vergrößerung, da sowohl Längen als auch Breiten mit demselben Faktor modifiziert wurden.

**11** **2** *Einstellungstest*
    Bei der nicht passenden Figur handelt es sich – im Gegensatz zu maßstabsgetreuen Modifikationen wie echten Vergrößerungen, Verkleinerungen oder Drehungen und allen Kombinationen aus diesen – immer um eine Verzerrung:
    a) Figur 3
    b) Figur 2
    c) Figur 3

**3** *„Formgleiche" Dreiecke*
    a) Dreieck 1 und 8 (Kathetenverhältnis 0,75). Dreieck 5 und 6 (Kathetenverhältnis 2:3). Dreieck 3, 4 und 7 (alle gleichschenklig). Dreieck 2 und 9 sind nicht formgleich, da sich 9 nach Spiegelung an seiner Hypotenuse nicht formgleich in 2 einfügen lässt: Die Hypotenusen sind nicht parallel, wie die unter b) geforderte Aktivität zeigt.
    b) Schüleraktivität.
    c) Bei formgleichen Dreiecken, ist der Quotient aus den entsprechenden Seitenlängen für alle Seiten gleich.

**13** **4** *Was heißt entsprechende Winkel und Seitenlängen?*
    Ähnlich zueinander sind: D und G, F und I, B und H. Die einander entsprechenden Strecken und Winkel sind mit a und a' etc. bezeichnet.

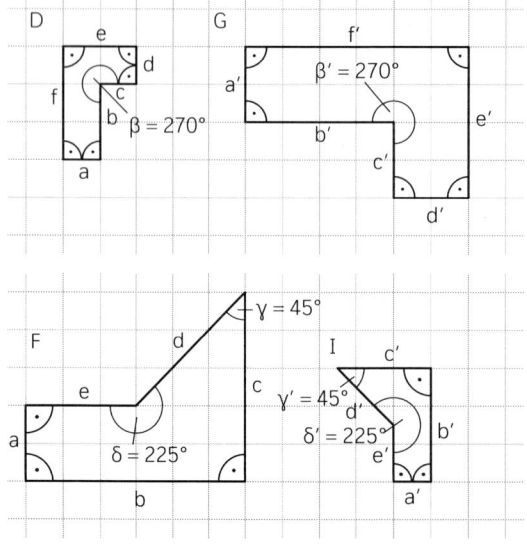

**13** ☐4

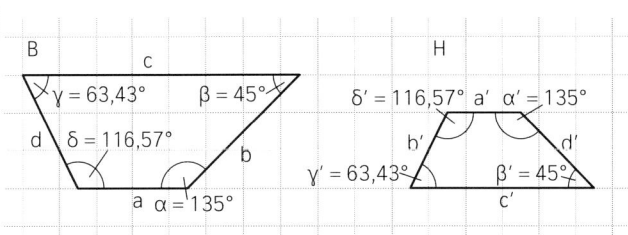

☐5 *Ähnliche Rechtecke*

Man kann, wie in dem Bild in Beispiel B eine Diagonale durch die Eckpunkte der Rechtecke zeichnen. Liegen die Eckpunkte mehrerer Rechtecke auf derselben Diagonalen, so sind diese ähnlich zueinander. Daraus ergibt sich, dass das Rechteck in helllila, in dunkellila und in gelb ähnlich zueinander sind. Ebenso sind das grüne und das rote Rechteck ähnlich zueinander.

☐6 *Rechteck aus vorgegebenen Seitenlängen*

Wir benennen die Seiten: $a = 4\,cm$ und $b = 5\,cm$. Die Seiten des ähnlichen Dreiecks sollen mit a' und b' bezeichnet werden. Es gibt nun für deren Längen zwei Möglichkeiten:
1. Es ist $b' = 10\,cm$, das heißt $b' = 2b$. Dies liefert $a' = 2a = 8\,cm$.
2. Es ist $a' = 10\,cm$, also $a' = 2,5a$. Dies liefert $b' = 12,5\,cm$.

☐7 *Übliche DIN-Papierformate*

a) Faktor 1,41

b)

| DIN | Maße in mm | Beispiel |
|---|---|---|
| A0 | 832,56 × 1177,35 | Poster |
| A1 | 590,47 × 835,00 | Technische Zeichnungen, Poster |
| A2 | 418,77 × 592,2 | Fahrpläne, Geschenkpapier |
| ... | ... | ... |
| A7 | 74,47 × 104,96 | Personalausweis |
| A8 | 52,81 × 74,44 | Karteikarten, Spielkarten |

c) Das Verhältnis von langer zu kurzer Seite sei $\frac{a}{b}$ für eines der DIN-Formate. Für das Verhältnis von langer zu kurzer Seite gilt für das nächstgrößere Format nun laut Aufgabenstellung $\frac{b}{0,5a}$. Diese beiden Quotienten sollen gleich sein, also $\frac{a}{b} = \frac{b}{0,5a}$, was umgeformt $a^2 = 2b^2$ entspricht und somit gilt $\frac{a}{b} = \sqrt{2}$.

d) Ja, denn der Faktor von 1,41 entspricht 141 %.

**14** ☐8 *Die Hosengummi-Streckung*

Hinweise zur Unterrichtspraxis: Neben einem ausreichend langen Hosengummi (2 m genügen) wird eine geeignete Markierung benötigt. Hierfür sind farbige Klebepunkte ebenso geeignet wie farbige Pins, die mit Klebeband am Gummi fixiert werden können. Wegen der Proportionen (Ausgangsfigur und Bild sollen auf die Tafel passen) wird geraten, die Konstruktion vorher auszuprobieren.

**15**

**9** *Buchstaben vergrößern*

a) linkes Bild:
   Änderungsfaktor 1,5;
   rechtes Bild: Streckfaktor 2
b) Schüleraktivität.

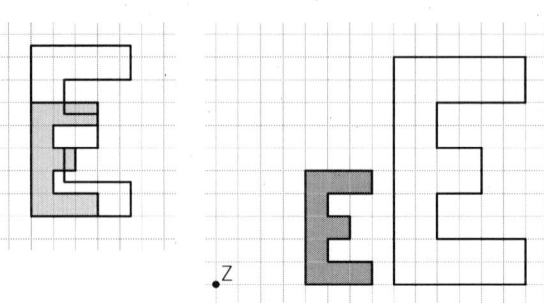

**10** *Figuren vergrößern und verkleinern*

a)

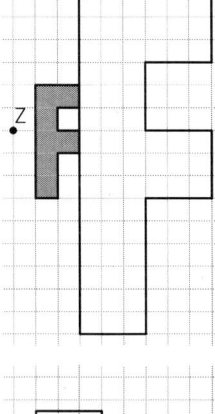
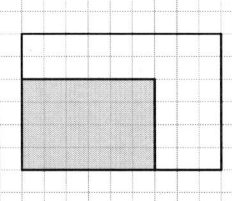
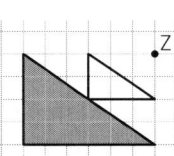
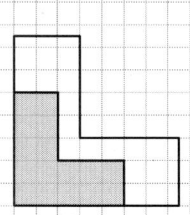
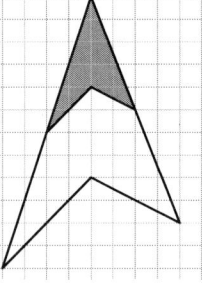
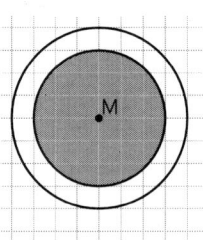
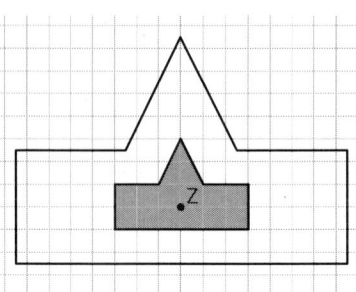
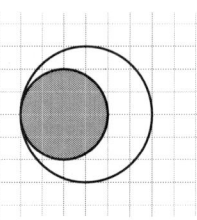

b) Faktoren k, die größer als 1 sind, bewirken eine Vergrößerung, Faktoren, die kleiner als 1 sind, bewirken eine Verkleinerung.

**11** *Streckzentren gesucht*

Anleitung: Durch Verbinden der jeweils einander entsprechenden Punkte A und A′ etc. und Verlängerung dieser so, dass sich ein gemeinsamer Schnittpunkt, das Streckzentrum, ergibt, erhält man die Strahlenfigur. Aus dieser lassen sich die Streckfaktoren k direkt ablesen. Es ergibt sich auf diese Weise für k:

a) 3              b) 3              c) 2              d) 2,5

**15**  **12** *Papierformate*

In Aufgabe 7 haben wir gelernt, dass der Faktor von einem DIN-Format zum nächstgrößeren durch $\sqrt{2}$ gegeben ist. Um von DIN A5 zu DIN A3 zu kommen, muss man die Größen zweimal mit dem Faktor multiplizieren, also $\sqrt{2} \cdot \sqrt{2} = 2$. Wenn man das vergleicht mit den offiziellen Größen, sieht man, dass der Faktor 2 nicht ganz stimmt ($2 \cdot 148 = 196$), dies kommt durch Rundungen zustande.

**16**  **13** *Verschiedene Figuren*

(1) Alle Figuren mit Ausnahme von c) sind ähnlich. Bei c) stimmen die Steigungen nicht überein. Die beiden Strecken können so nicht in Deckung gebracht werden.

a) k = 3   b) k = 1 (nur Verschiebung)   d) k = 1 (nur gespiegelt)   e) k = 2   f) $k = \frac{3}{2}$

(2) b), c) und d) können nicht durch zentrische Streckung erzeugt sein.

**14** *Mittendreieck*

Aus dem Satz über die Mittenlinien im Dreieck (vgl. Neue Wege 8, Kapitel 2.3, Seite 66) wissen wir, dass die Seite $M_aM_b$ halb so lang ist wie die Seite AB, genauso ist $M_bM_c$ halb so

lang wie BC und $M_cM_a$ halb so lang wie CA. Daraus folgt: $\dfrac{\overline{AB}}{M_aM_b} = \dfrac{\overline{AC}}{M_aM_c} = \dfrac{\overline{BC}}{M_bM_c} = 2$.

Die Gleichheit entsprechender Winkel ist mithilfe des Satzes über Stufenwinkel und Wechselwinkel zu zeigen. ABC ist ähnlich zu $M_aM_bM_c$.

Die vier Innendreiecke sind kongruent zueinander und somit auch ähnlich.

**15** *Wer hat Recht?*

Alle Quadrate sind zueinander ähnlich, da ihre Seiten grundsätzlich rechte Winkel einschließen. Für Rauten gilt nur, dass gegenüberliegende Winkel gleich groß sein müssen, die genaue Größe dieser Winkel ist jedoch innerhalb einer Spanne von 0° bis 90° frei wählbar. Folglich sind nicht alle Rauten ähnlich zueinander und der Junge rechts hat Recht.

**16** *Zentrische Streckung eines Dreiecks mit DGS*

a) r entspricht dem Abstand des Streckzentrums zum Bildpunkt A'.

b) (1) Durch Veränderungen des Streckfaktors k wird die Bildfigur größer oder kleiner.
   (2) Zieht man an den Eckpunkten der Ausgangsfigur, so ändern sich auch die Eckpunkte der Bildfigur entsprechend.

c) Schüleraktivität.

**17**  **17** *Der Pantograph – selbst gebaut*

a), b) Mit dem Pantographen wird die Behandlung eines historisch bedeutsamen, vielfältig angewendeten Hilfsmittels zum Vergrößern und Verkleinern angeboten. Für ein leichter zugängiges Verständnis wird zunächst der Bau eines eigenen Pantographen angeregt. Bauanleitungen für einen Pantographen findet man leicht im Internet.

c) Der Streckfaktor ergibt sich als Verhältnis der Strecke ZA' zu ZA. Unter Berücksichtigung der aufgebrachten Skalierung liefert dies hier $\frac{11}{4} = 2,75$. Durch Versetzen der Schraube A ändert sich dieses Verhältnis. Zur Verkleinerung eines Bildes fährt man dieses mit dem Stift in B ab; Stift P zeichnet dann automatisch die Verkleinerung.

**18** *Der Pantograph – mit DGS konstruiert*

Die in hier angegebene Konstruktion mit einem DGS ist ein direkter Nachbau des Geräts aus Aufgabe 17 und ermöglicht eine entsprechend direkte Behandlung im Unterricht. Man kann mit einem DGS in vielfältiger Weise Pantographen konstruieren, nicht alle wären aber physisch realisierbar. Wenn man hier Schülerinnen und Schüler selbsttätig probieren lässt, werden sich entsprechend unterschiedliche Konstruktionen ergeben.

**18**

**19** *Fernseher*
a) Schüleraktivität.
b) Schüleraktivität.
c) Das Bild erscheint entweder gestaucht oder gestreckt.

**20** *Denkmal*
Mit dem Maßstab 1 : 34 und der Höhe H des Kopfes in der Skulptur kann man die Höhe h des Kopfes im Modell errechnen:
$$\frac{1}{34} = \frac{h}{H} \Rightarrow h = \frac{H}{34} = \frac{26{,}67}{34} = 0{,}784.$$
Im Modell ist also der Kopf 78,4 cm hoch. Im Foto ist der Kopf 0,85 cm hoch, was einem Abbildungsmaßstab von 1 : 92 entspricht.
Also wird 1 cm im Foto mit $1 : (34 \cdot 92) = 1 : 3128$ auf die Skulptur abgebildet.
Der Arm von „Crazy Horse" (von der Schulter bis zur Fingerspitze) ist im Bild 2,5 cm lang, er wird also in der Skulptur 78,2 m lang sein. Der Pferdekopf ist im Bild 2,1 cm lang, er wird in der Skulptur 65,7 m lang sein.

## Kopfübungen

1. Wähle zwei ungleiche Brüche kleiner $1\left(\frac{1}{2}\right)$, der dritte ergibt sich sofort aus der Differenz der Summe dieser beiden und $1\left(\frac{1}{2}\right)$. Z. B. $\frac{1}{3} + \frac{1}{2} + \frac{1}{6} = 1 \ \left(\frac{1}{5} + \frac{2}{7} + \frac{1}{70} = \frac{1}{2}\right).$

2. Wahr. Die Winkelhalbierenden schneiden sich im Mittelpunkt des Inkreises.

3. Allgemein gilt für den Flächeninhalt eines Trapezes $A = \frac{a + b}{2} \cdot h$. Mit der Vorgabe für A muss also die Gleichung $14 = (a + b) h$ erfüllt sein. Dies ist z. B. der Fall für $(a, b, h) = (3, 4, 2)$, $(1, 3, 3.5)$, $(2, 5, 1.4)$,... .

4. Jede Zahl hat grundsätzlich sich selbst und 1 als Teiler. Einen weiteren, davon verschiedenen Teiler, haben z. B. 4 und 9.

5. Da das Trapez gleichschenklig ist, ist $\alpha = \beta = 75°$ und $\gamma = \delta = 105°$.

6. Die erste Person kann in jedem Monat Geburtstag haben ($P_1 = 1$),
die zweite muss mit ihrem Geburtstag genau den Monat der Vergleichsperson treffen $\left(P_2 = \frac{1}{12}\right)$.
Die Gesamtwahrscheinlichkeit P ist damit $P = P_1 \cdot P_2 = \frac{1}{12}$.

7. Der Graph ist gegenüber der durch den ersten und dritten Quadranten verlaufenden Winkelhalbierenden am Ursprung gespiegelt (negative Steigung) und verläuft zudem steiler (Steigung > 1). Er schneidet die y-Achse bei 0,5. Wertepaare ergeben sich durch Einsetzen von Werten für x. Z. B. $(1 \,|-1)$, $(2 \,|-2{,}5)$, $(-1 \,| 2)$

**19** **Projekt**
*Zentralperspektive mit DGS – mathematisches Handwerk in der Kunst*
Der Schnittpunkt von AA' und BB' ergibt den Fluchtpunkt.
Entscheidend sind die eigenen Tätigkeiten der Lernenden. Mithilfe des DGS lassen sich geeignete Strategien zur zielgerichteten Variation finden („Was passiert, wenn ...").

**20** **26** *Zentralperspektive II – so machen es die Künstler*

a) Schüleraktivität.

b) $\overline{AB}$ ist die Hypotenuse eines rechtwinkligen gleichschenkligen Dreiecks ABC und stellt die Straße dar. $\overline{BC}$ stellt den ersten Telefonmasten dar.

(1) Wähle in beliebigem Abstand von C auf $\overline{AC}$ den Punkt $Q_1$ und zeichne durch $Q_1$ eine Parallele zu $\overline{BC}$.

(2) Den Schnittpunkt dieser Parallelen mit $\overline{AB}$ nenne $P_1$.
$\overline{P_1Q_1}$ ist der zweite Telefonmast.

(3) Konstruiere die Seitenhalbierende $\overline{AM}$, die $\overline{P_1Q_1}$ in $S_1$ schneidet.

(4) Zeichne die Gerade $CS_1$, die $\overline{AB}$ in $P_2$ schneidet.

(5) Zeichne durch $P_2$ eine Parallele zu $\overline{BC}$, die $\overline{AC}$ in $Q_2$ schneidet.
$\overline{P_2Q_2}$ ist der dritte Telefonmast.

Wiederhole diese Konstruktion im Dreieck $AP_1Q_1$ usw.

c) Durch die Konstruktion der Pfeiler ergeben sich neue, zu dem Ausgangsdreieck ähnliche Dreiecke, deren eine Kathete immer durch einen Pfeiler gegeben ist. Die Konstruktion entspricht einer Strahlenfigur, dementsprechend findet man einander entsprechende Verhältnisse. Die neuen Pfeiler entsprechen jeweils einer zentrischen Streckung des Ausgangspfeilers mit unterschiedlichen Streckfaktoren. Die obere linke Spitze in der Ausgangsfigur bildet dabei das Streckzentrum, anliegende Kathete und Hypotenuse die Strahlen.

**27** *Produktionsfehler?*

a) Die beiden Autos sind einander nicht ähnlich: Das Verhältnis Höhe : Länge beträgt beim großen Modell ungefähr 3 : 1, beim kleinen Modell hingegen 3,6 : 1. Auch an dem Winkel, der am hinteren Seitenfenster eingezeichnet ist, kann man erkennen, dass die beiden Modelle nicht ähnlich zueinander sind.

b)

|  | Original | Modell groß | Modell klein |
|---|---|---|---|
| Länge : Breite | 2,4 : 1 | 2,2 : 1 | 2,4 : 1 |
| Breite : Höhe | 1,2 : 1 | 1,1 : 1 | 1,1 : 1 |
| Höhe : Radstand | 0,6 : 1 | 0,6 : 1 | 0,6 : 1 |

c) Schüleraktivität.

## 1.2 Verkleinern und Vergrößern – Flächen und Volumina

**21** **1** *Stute und Fohlen*

Durch Abmessung und Vergleich aus dem Bild ergibt sich, dass der Körper des Fohlens gegenüber dem der Stute andere Proportionen aufweist. Eine Angabe des Maßstabes ist nicht erforderlich, da ein Vergleich zwischen Objekten desselben Bildes stattfindet und ein Foto (idealerweise) die natürlichen Proportionen erhält.

**2** *Poster-Angebote*

Vor dem Hintergrund der Auslobung als „Angebot der Woche" zeugen die Preise von einer ehrlichen Haltung gegenüber dem Kunden, denn der Preis pro Quadratzentimeter sinkt mit zunehmender Postergröße.

**21**

3 | *Schulhof*

Durch die vorgeschlagene Vergrößerung des Schulhofes sinkt die Schülerdichte von $0,27/m^2$ auf $0,17/m^2$.

4 | *Modellauto*

a) Durch Multipliktion der Modellmaße mit dem Streckfaktor 87 ergibt sich das Geforderte: Länge = 4,536 m, Breite = 2,523 m, Höhe = 2,436 m.

b) Das Volumen wird sich ungefähr um sechs Größenordnungen ändern. Es beträgt im Original $27,87\,m^3$, im Modell $43,84\,cm^3$.

c) Die Oberfläche ändert sich in etwa um fünf Größenordnungen.

**22**

5 | *Vergrößertes Rechteck und Dreieck*

Die Schülerinnen und Schüler erhalten keine explizite Vorgabe für die Maße der beiden Figuren. Dadurch können sie ihre Beobachtungen auch untereinander vergleichen und festigen.

Der Flächeninhalt A der vergrößerten Objekte ergibt sich durch $k^2 \cdot A$; der Umfang U der vergrößerten Objekte ist $k \cdot U$.

6 | *Ähnliche Parallelogramme*

Verhältnis der Höhen 3:4
Verhältnis der Umfänge 3:4
Verhältnis der Flächeninhalte 9:16

**23**

7 | *Vergrößerte Figuren*

Der Flächeninhalt der ursprünglichen Figur sei im Folgenden mit U, der der vergrößerten mit U' bezeichnet:

| | U in cm² | U' in cm² |
|---|---|---|
| a) | 3,75 | 23,44 |
| b) | 15 | 60 |
| c) | 51,2 | 28,8 |
| d) | 12 | 48 |

8 | *Pizzapreise*

Der Preis der Pizza mit 20 cm Durchmesser (Radius r = 10 cm) liegt bei ca. 2 Cent pro $cm^2$, denn eine solche Pizza hat einen Flächeninhalt von $r^2 \cdot \pi = 100\,\pi\,cm^2$. Der Flächeninhalt einer Pizza mit einem Durchmesser von 30 cm ist $706,86\,cm^2$. Bei fairer Kalkulation würde dem ein Preis von 14,14 € entsprechen.

9 | *Modell*

Masthöhe = 15 m, Segelfäche = $120\,m^2$, Innenraumvolumen = $150\,m^3$.

10 | *Taschenlampe*

Die obere Taschenlampe stellt ungefähr die 1,5-fache Vergrößerung der unteren dar, wie sich durch Vergleichen der jeweiligen Abmessungen ergibt. Dies entspricht einem Volumenverhältnis 3,375:1. Setzt man das Volumen der großen Lampe als Einheitsvolumen fest, dann beträgt deren Dichte 192 g/Volumeneinheit. Die kleine Lampe weist demgegenüber das 0,3-fache Volumen auf. Da die Dichten der beiden Lampen gleich sind, ergibt sich die Masse der kleinen Lampe zu $192 \cdot 0,3\,g = 57,3\,g$.

**23** **11** *Packvolumen*

a) Man benötigt $\dfrac{(12 \cdot 4 \cdot 8)\,cm^3}{(60 \cdot 20 \cdot 40)\,cm^3} = 125$ kleine Kartons.

b) Die Menge des Pappmaterials pro Karton bemisst sich nach dessen Oberfläche. Die Oberfläche des großen Kartons beträgt 6400 cm², die des kleinen Kartons 256 cm². Füllt man also den großen Karton vollständig mit kleinen Kartons aus, benötigt man die fünffache Menge an Pappmaterial, denn es ist $125 \cdot 256\,cm^2 = 32\,000\,cm^2 = 5 \cdot 6400\,cm^2$.

**12** *Prismen*

Bezeichne A den Flächeninhalt der Grundfläche des kleinen Prismas. Laut Aufgabe beträgt der Flächeninhalt des großen Prismas $2{,}25 \cdot A$. Das Verhältnis von Grundfläche und Höhe ergibt sich demnach für das kleine Prisma zu $A : 12$ und für das große Prisma zu $(2{,}25 \cdot A) : 18$. Diese Verhältnisse sind nicht gleich, weshalb die Prismen nicht ähnlich sind. Das Volumen V eines Prismas ist allgemein als Produkt von Grundfläche und Höhe gegeben. Für das kleine Prisma ergibt dies $A \cdot 12\,cm$ und für das große Prisma $2{,}25 \cdot A \cdot 18\,cm$. Dies entspricht einem Verhältnis von $1 : 3{,}375$.

**24** **13** *Eisblock*

Je größer die mit der Sonne in Kontakt kommende Oberfläche des Eiswürfels im Verhältnis zu seinem Volumen ist, desto schneller schmilzt er. Wasser hat eine Dichte von $1000\,kg/m^3$. Ein 1 kg schwerer Eisblock hat demnach ein Volumen von $0{,}001\,m^3$, was einer Kantenlänge von 0,1 m und einer Oberfläche von 0,06 m² entspricht. Durch eine analoge Rechnung ergibt sich das Volumen des kleinen Eiswürfels zu $0{,}000\,025\,m^3$ (denn das Verhältnis der Volumina von Eisblock und Eiswürfel beträgt laut Vorgabe 1 : 40), was einer Kantenlänge von ca. 0,03 m und einer Oberfläche von 0,0054 m² entspricht. Das Verhältnis Oberfläche : Volumen ist also für den kleinen Eiswürfel mit 216 : 1 bedeutend größer als für den großen Eiswürfel (60 : 1). Die Anzahl der Eiswürfel spielt bei der Beantwortung der in der Aufgabe gestellten Frage keine Rolle, solange diese alle identisch und kleiner als der große Eisblock sind und nicht nach der exakten Schmelzzeit gefragt wird: Die einzelnen Eiswürfel sind mit Abstand voneinander, also getrennt, angeordnet (siehe Abbildung in der Aufgabenstellung) und die Leistung der Sonne kann in diesen Größenordnungen pro Flächeneinheit als konstant angesehen werden (vgl. z. B. damit, dass die Garzeit für zehn (gleich große) Eier genau so lang ist wie für ein Ei).

**14** *Piktogramme – genau hingeschaut*

a) Die Länge der Figuren ist proportional zu den Prozentsätzen:
$27 : 16 : 12 = 37 : 22 : 16$. Die Grafik ist korrekt, wenn man nur die Höhe der Figuren beachtet. Durch die Wahl der Figuren, deren Optik dazu verleitet, nicht nur die Länge zu vergleichen, sondern insbesondere die Fläche, wird allerdings der Eindruck des Rückgangs der Praxen für Allgemeinmedizin noch verstärkt.

b) Auch hier ist die Länge der Eistüten proportional zu den Verkaufsmengen. Der in a) beschriebene Effekt ist hier allerdings noch stärker: Man vergleicht spontan nicht die Längen, sondern die Flächen miteinander und kommt so zu einem falschen Eindruck.

**24**  **15** *Ähnliche Figuren legen*

a) 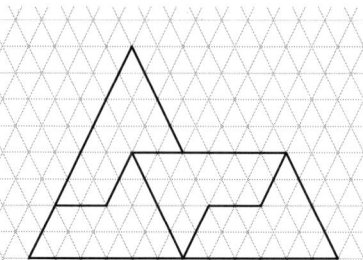  b)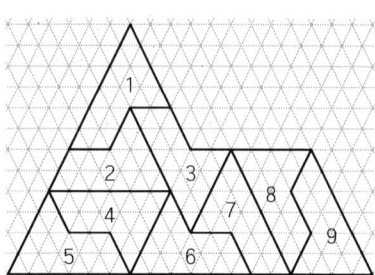

## Kopfübungen

1. 7,5

2. Durch Verschieben von B wird die Grundseite g auf $\frac{1}{5}$ ihrer Ausgangslänge verkürzt. Da der Flächeninhalt eines Dreiecks proportional zu dessen Grundseite ist, wird auch dieser sich auf $\frac{1}{5}$ seines Ursprungswertes verkleinern.

3. $(x - 4y)^2 = x^2 - 8xy + 16y^2$

4. $\gamma = \gamma' = 105°$, $\beta = \varepsilon = 55°$, $\alpha = \delta = 20°$

5. z. B. $\frac{11}{2}$, $\frac{17}{3}$, $\frac{27}{5}$

6. $\frac{15}{25} \cdot \frac{14}{24} = 0,35$

7. Der Graph ist punktsymmetrisch zum Ursprung und verschwindet bei Annäherung an die Null sowohl im negativen als auch im positiven Unendlichen. Für positiv größer werdenden x Wert, nähert sich der Graph der x-Achse an, genauso wie für negativen, kleiner werdenden x-Wert. Wertepaare sind z. B.: $(1\,|\,6)$, $(-2\,|-3)$, $(0,5\,|\,12)$

**25**  **16** *Gullivers Reisen*

a) Wenn man annimmt, dass die mittlere Länge eines Menschen 1,74 m beträgt, dann ist sie beim Lilliputaner 14,5 cm $\left(k = \frac{1}{12}\right)$.

Wir setzen voraus, dass das Gewicht der beiden im gleichen Verhältnis zueinander steht wie das Volumen.

$$G_{Mensch} : G_{Lilliputaner} = 1 : k^3 = 1 : \frac{1}{1728}$$

Wenn das mittlere Gewicht des Menschen 70 kg beträgt, dann liegt das des Lilliputaner bei 40 g.

b) Hier werden die Oberflächen verglichen:

$$O_{Mensch} : O_{Lilliputaner} = 1 : k^2 = 1 : \frac{1}{144}$$

Für die Kleider von Gulliver wird 144-mal so viel Stoff benötigt wie für eine Lilliputaner-Kleidung.

c) Wenn sich die Längen an zwei ähnlichen Körpern (z. B. die Kantenlängen beim Quader) zueinander verhalten wie 1 : k, dann verhalten sich die Volumina der beiden Körper wie $1 : k^3$.

Die Lilliputaner übertragen dies auf die Nahrungsaufnahme:

Für $k = 12$ ist $k^3 = 1\,728$.

**26** **17** *Wenn der Mensch ein vergrößerter Floh wäre ...*
   a) Vermutlich könnte der Floh den Eiffelturm nicht überspringen, da er bei der Größe sicherlich zu schwer wäre.
   b) Pferd: Größe: 1,5 m     Relative Sprunghöhe: 1-faches der Rumpfhöhe
   Mensch: Größe: 1,7 m     Relative Sprunghöhe: 1-faches der Rumpfhöhe
   Mögliche Feststellung: Je kleiner das Lebewesen, umso größer die relative Sprunghöhe.
   Mögliche Erklärung: Gewicht wächst in 3. Potenz zur Größe.

   **18** *Massenverhältnisse*
   Maus 0,04
   Katze 0,05
   Elefant 0,27
   Große Tiere benötigen im Verhältnis für die gleiche Leistung dickere Knochen, denn die Masse ändert sich mit zunehmender Größe schneller als die Fläche der tragenden Gliedmaßen.

   **19** *Tiere in kalten und warmen Regionen*
   a) Die Körperoberfläche wird durch z. B. kleine Ohren weniger stark vergrößert, was zu relativ geringeren Wärmeverlusten führt. Umgekehrt würden in warmen Regionen relativ große Ohren Überhitzung vorbeugen, da sie die Körperoberfläche vergrößern.
   b) Das Verhältnis von Körperoberfläche und -volumen wird mit zunehmender Größe des Tieres kleiner; dies stellt einen wesentlichen Schutz vor Auskühlung dar.
   Kaiserpinguin, Königspinguin: Polarzone
   Magellanpinguin: Subpolarzone
   Humboldtpinguin: Subtropenzone
   Galapagospinguin: Tropenzone

## 1.3 Bestimmung von unzugänglichen Streckenlängen – Strahlensätze

**27** **1** *Auf zwei unterschiedlichen Wegen zur Turmhöhe*
   a) Im linken Bild kann man das Dreieck konstruieren, da eine Seite und zwei Winkel bekannt sind (der angegebene und ein rechter Winkel). Nach der Konstruktion kann man die gesuchte Seite ausmessen.
   Im rechten Bild sieht man, dass das kleine, durch die rote Linie begrenzte Dreieck ähnlich zu dem gesamten Dreieck ist, da alle Winkel gleich sind. Also kann man in Verhältnis setzen:
   $\frac{32\,m}{1,6\,m} = \frac{x}{0,8\,m}$, wobei x die Turmhöhe abzüglich der 1,7 m ist. Umgeformt ergibt sich
   $x = 16\,m$, also ist der Turm 17,7 m hoch.
   b) Je nach Messgenauigkeit/Maßstab werden sich Abweichungen von der errechneten Höhe ergeben.

**27** **2** *Aufgabe aus chinesischem Rechenbuch „Jiuzhang suanshu" (100 v. Chr.)*

a)

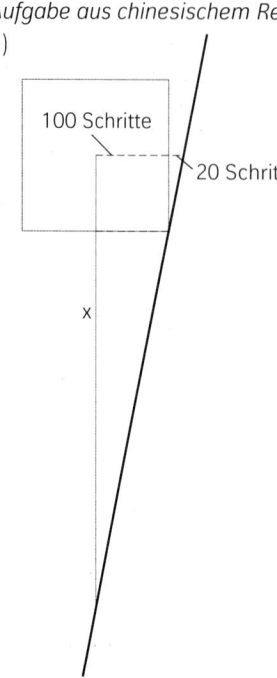

100 Schritte

20 Schritte

x

b) x = 500 Schritte

c) Die linke Seite der Gleichung ist das Verhältnis der beiden gestrichelten Linien, die rechte Seite das Verhältnis der gepunkteten, gesamten Linie zu der mit x gekennzeichneten. Wenn man die Gleichung nach x auflöst, wird das Ergebnis in b) rechnerisch bestätigt.

**28** **3** *Wie breit ist der See?*

a) Die rechte Figur zeigt, dass es sich immer um zwei ähnliche Dreiecke handelt, die miteinander in Verhältnis gesetzt werden. Dreht man das große Dreieck der rechten Figur um 180° um den Schnittpunkt, so ergibt sich eine Figur vom Typ wie in der linken Abbildung. Der Streckfaktor spiegelt sich im Verhältnis der Schenkel vom großen und kleinen Dreieck wider.

b) Die linke Gleichung gehört zum rechten Bild und liefert x = 75. Aus der rechten Gleichung erhält man x = 150.

**29** **4** *Fehler gesucht*

a) B ist falsch; es ist das Verhältnis von anteiliger Strecke (3 LE) zu ganzer Strecke (6 LE) zu nehmen, da die Strahlensätze im Prinzip auf Verhältnisangaben zueinander ähnlicher Dreiecke basieren.

b) B ist falsch; bei dem hier anzuwendenden Strahlensatz gehören die jeweils im Zähler stehenden Werte zum gleichen Dreieck, entsprechend im Nenner. Wären auf der rechten Seite Zähler und Nenner vertauscht, wäre diese Gleichung auch korrekt.

**5** *Lochkamera und Schattenwurf*

a) $\frac{15\,cm}{x} = \frac{45\,cm}{30\,cm} \Rightarrow x = 10\,cm$

b) $\frac{x}{1\,m} = \frac{57,5\,m}{2,5\,m} \Rightarrow x = 23\,m$

**30** **6** *x gesucht*

| | | | |
|---|---|---|---|
| a) x = 24 | b) x = 10 | c) x = 5 | d) x = 10,5 |
| e) x = 3,1 | f) x = 2,4 km | g) x = 240 m | h) x = 400 |

**30** ⟨7⟩ *Auf der Suche nach x mit Grafik und Tabelle*

    a) (1) gehört zum linken Graphen und zur rechten Tabelle, weil auf der linken Seite der Gleichung eine lineare Funktion steht und diese im Graph zu erkennen ist. In der Tabelle sieht man schnell, dass die linke zu Gleichung (2) gehört, weil bei x=0 „ERROR" steht und auf der linken Seite der Gleichung (2) durch x geteilt wird.

    b) Schüleraktivität.

    c) (1) $\frac{x+5}{2} = \frac{18}{5} \Rightarrow x = \frac{18 \cdot 2}{5} - 5 = \frac{11}{5}$

       (2) $\frac{2,8}{x} = \frac{2,1}{1,2} \Rightarrow x = \frac{2,8 \cdot 1,2}{2,1} = 1,6$

**31** ⟨8⟩ *Training*

    a) $\frac{8}{2} = \frac{3}{x} \Rightarrow x = \frac{3}{4}$

    b) $\frac{x+5}{5} = \frac{3}{2,5} \Rightarrow x = 1$

    c) $\frac{x}{1,5} = \frac{2,2}{1,5} \Rightarrow x = 2,2, \; \frac{2,2}{1,5} = \frac{y}{2} \Rightarrow y = 2,9\overline{3}$

    d) $\frac{6}{x} = \frac{5}{2} \Rightarrow x = 2,4$

    e) $\frac{4}{3} = \frac{x}{2} \Rightarrow x = \frac{8}{3}$

    f) $\frac{3,5}{2} = \frac{d}{1} \Rightarrow d = 1,75, \; \frac{1,75}{c} = \frac{3,5}{1} \Rightarrow c = 0,5$

      $\frac{a+1,4}{1,4} = \frac{2}{1} \Rightarrow a = 1,4, \; \frac{b+2,8}{2,8} = \frac{1,75}{1} \Rightarrow b = 2,1$

⟨9⟩ *Steigungen und Verhältnisse*

    a) x = 9 (Grafik siehe    b) x = 7
       Schülerband)

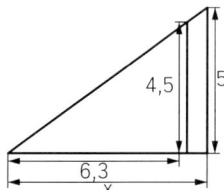

    c) x = 1

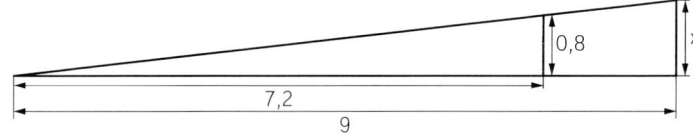
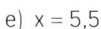

    d) x = 2,8        e) x = 5,5        f) x = 39,2

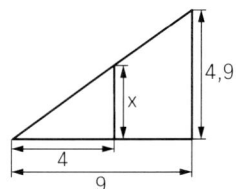
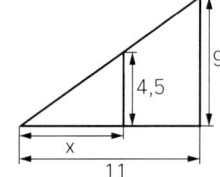
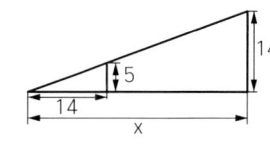

**32** ⟨10⟩ *Wie weit ist es bis zum Nachbarhaus?*

    a) Zu messen sind im linken Fall die Breite des Fensters und der Abstand zwischen den beiden Peillinien. Im rechten Fall müssen Fensterbreite sowie der Abstand „rechter Fensterrahmen-Schnittpunkt der Peillinie mit dem Fenstersims" ermittelt werden.

**32**

**10** b) Laut Skizze entsprechen die 2 m ungefähr 0,6 cm. Aus den Verhältnisgleichungen ergibt sich der Abstand zum Haus:

$$\frac{12\,mm}{9\,mm} = \frac{6\,mm + x}{x} \Rightarrow x = 18\,mm \text{ oder } \frac{x}{9\,mm} = \frac{12\,mm}{6\,mm} \Rightarrow x = 18\,mm$$

Dies entspricht nach Umrechnung einer Länge von 6 m.

c) Schüleraktivität

**11** *Optimale Raumausnutzung*

Ja, aus dem 124-cm-Brett werden folgende Regalbretter geschnitten: 40 cm und 80 cm.

Aus dem 82-cm-Brett werden folgende Regalbretter geschnitten: 20 cm und 60 cm.

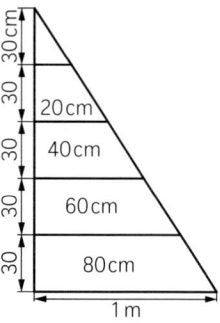

**12** *Summen und Differenzen in Verhältnisgleichungen und Strahlensatzfiguren*

a) $x = \frac{3}{5}$ 　　　　　 b) $x = \frac{9}{4}$ 　　　　　 c) $x = 6$

d)

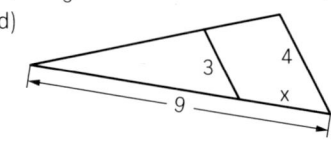

e)

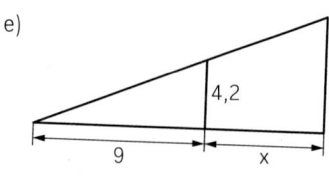 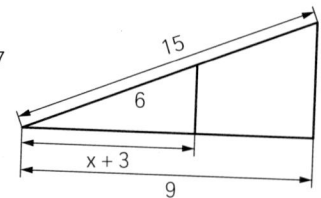

**13** *Ein Pyramidenstumpf*

Man ergänzt den Pyramidenstumpf und kann dann die Strahlensätze anwenden. Mit x wird das ergänzte Stück bezeichnet, sodass die Gesamthöhe dann 344 m + x ist.

$$\frac{40,4}{16} = \frac{344 + x}{x} \Rightarrow x = \frac{344}{\left(\frac{40,4}{16} - 1\right)} = 225,53$$

Insgesamt wäre die Pyramide also 569,57 m hoch.

**33**

**14** *Ein häufiger Fehler*

$$\frac{2,5}{2 \cdot 2} = \frac{1}{x} \Rightarrow x = \frac{4}{2,5} = 1,6$$

**15** *Kehrbrüche helfen*

a) Schüleraktivität.

b) Bezeichne mit x die gesuchte Größe und mit a, b, c bekannte Größen.

$$\frac{a}{b} = \frac{c}{x} \qquad | \cdot x$$

$$\frac{a \cdot x}{b} = c \qquad | : a$$

$$\frac{x}{b} = \frac{c}{a} \qquad | : c \quad | \cdot b$$

$$\frac{x}{c} = \frac{b}{a}$$

**33**  **16** *Training mit und ohne GTR*

a) $x = 4{,}8 - \dfrac{1{,}5 \cdot 4{,}8}{3{,}6} = 2{,}8$

b) $\dfrac{3x - 1}{2{,}4} = \dfrac{3}{1{,}8} \;\Rightarrow\; 3x = \dfrac{3 \cdot 2{,}4}{1{,}8} + 1 \;\Rightarrow\; x = \dfrac{5}{3}$

c) $\dfrac{x}{\frac{3}{8}} = \dfrac{\frac{4}{3}}{\frac{1}{4}} \;\Rightarrow\; x = \dfrac{4}{3} \cdot \dfrac{4}{1} \cdot \dfrac{3}{8} = 2$

d) $x \cdot \left( \dfrac{1}{4} - \dfrac{1}{2} \right) = \dfrac{1}{4} \;\Rightarrow\; x = -1$

e) $x + 1 = \dfrac{4}{5}(x - 1) \;\Rightarrow\; \dfrac{x}{5} = \dfrac{-9}{5} \;\Rightarrow\; x = -9$

f) $x = -9$ (auf beiden Seiten Kehrbruch von Aufgabenteil e)

**17** *Auch Taschenrechner lösen Gleichungen*

a)

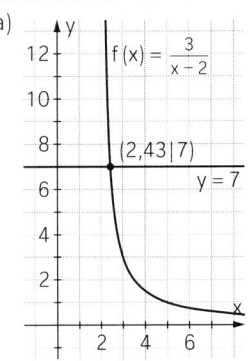

$f(x) = \dfrac{3}{x - 2}$

$(2{,}43 \mid 7)$

$y = 7$

b) $\dfrac{x - 2}{3} = \dfrac{0{,}4}{2{,}8} \;\Rightarrow\; x = \dfrac{3 \cdot 0{,}4}{2{,}8} + 2 = 2{,}429$

c) Schüleraktivität.

**18** *Training mit und ohne CAS*

a) $x = \dfrac{21}{11}$     b) $x = -\dfrac{6}{7}$     c) $x = 0$     d) keine Lösung

**34**  **19** *Optik: Wie man mit Linsen ein gutes Bild erhält*

a) $\dfrac{1}{b} = \dfrac{1}{5} - \dfrac{1}{10} = \dfrac{1}{10}$; der Schirm sollte in einer Entfernung von 10 cm aufgestellt werden.

b) ■ $\dfrac{5 \cdot 10}{10 - 5} = 10$

■ $\dfrac{1}{b} = \dfrac{1}{f} - \dfrac{1}{g} = \dfrac{g - f}{f \cdot g}$    $b = \dfrac{f \cdot g}{g - f}$

Die Äquivalenzumformung ist allgemeingültig, das ist also eine geeignetere Überprü-
fungsmöglichkeit. Beim Einsetzen könnte es auch Zufall sein, dass die Gleichung genau
für die Zahlen erfüllt ist.

c) Schüleraktivität.

d) $f = \dfrac{1}{\frac{1}{b} + \frac{1}{g}} = \dfrac{b \cdot g}{b + g}$ und $g = \dfrac{b \cdot f}{b - f}$

**20** *Ein dritter Strahlensatz?*

a) Die gegebene Gleichung entsteht durch Äquivalenzumformungen des zweiten Strahlensatzes. Insofern gilt auch die gleiche Strahlensatzfigur.

b) Ja, man kann noch weitere Schreibweisen durch andere Äquivalenzumformungen
finden, auch für den ersten Strahlensatz. Z. B.: $\dfrac{\overline{ZA'}}{\overline{ZB'}} = \dfrac{\overline{ZA}}{\overline{ZB}}$

**34**  **21** *Vermessungspraktikum*

Der erste und dritte Messtrupp konstruieren jeweils eine Strahlenfigur, die unter Anwendung des 1. Strahlensatzes die Bestimmung der Breite des Sees ermöglicht:
Der Durchmesser des Sees ist hier durch die Grundseite eines der in der Strahlenfigur enthaltenen zwei einander ähnlichen Dreiecke gegeben. Dem zweiten Messtrupp gelingt dies nicht, da in seiner Konstruktion die Grundseiten der beiden entstandenen Dreiecke nicht parallel und somit die erforderlichen Ähnlichkeitsbeziehungen nicht gegeben sind.
Die Breite des Sees beträgt $\frac{b}{10\,m} = \frac{26\,m}{13\,m} \Rightarrow b = 13\,m$. Man sieht sofort, dass sich mit der dritten Konstruktion dasselbe Ergebnis berechnet, denn die Längenverhältnisse der Dreiecksschenkel entsprechen denen im ersten Fall.

**35**  **22** *Umkehrung der Strahlensätze*

a) *1. Strahlensatz:* Wenn zwei Halbgeraden mit einem gemeinsamen Anfangspunkt Z von zwei parallelen Geraden in den Punkten A, B und A', B' geschnitten werden, so gilt: $\frac{\overline{ZA'}}{\overline{ZA}} = \frac{\overline{ZB'}}{\overline{ZB}}$

*Umkehrung:* Gegeben sind zwei Geraden a und b, die sich im Punkt Z schneiden. Diese Geraden werden von zwei Geraden g und h in den Punkten A und A' auf a sowie B und B' auf b geschnitten.

Voraussetzung: Wenn für die Streckenverhältnisse auf den Geraden a und b $\frac{\overline{ZA'}}{\overline{ZA}} = \frac{\overline{ZB'}}{\overline{ZB}}$ gilt,

Behauptung: dann sind g und h parallel zueinander.

*2. Strahlensatz:* Wenn zwei Halbgeraden mit einem gemeinsamen Anfangspunkt Z von zwei parallelen Geraden in den Punkten A, B und A', B' geschnitten werden, so gilt: $\frac{\overline{ZA'}}{\overline{ZA}} = \frac{\overline{A'B'}}{\overline{AB}}$

*Umkehrung:* Gegeben sind zwei Geraden a und b, die sich im Punkt Z schneiden. Diese Geraden werden von zwei Geraden g und h in den Punkten A und A' auf a sowie B und B' auf b geschnitten.

Voraussetzung: Wenn für das Verhältnis zwischen Bild- und Ausgangsstrecke $\frac{\overline{A'B'}}{\overline{AB}} = \frac{\overline{ZA'}}{\overline{ZA}}$ gilt,

Behauptung: dann sind g und h parallel zueinander.

b) Die Umkehrung des ersten Strahlensatzes stimmt.
Die Umkehrung des zweiten Strahlensatzes stimmt nicht, die Begründung wird mithilfe des Tipps neben der Aufgabe ersichtlich.

**23** *Die verschwundene Fläche*

Für das Quadrat erhält man eine Fläche von $8 \cdot 8 = 64$ (Einheiten) und für das Rechteck $5 \cdot (5 + 8) = 65$ (Einheiten). Die Flächen ergänzen sich nur scheinbar zu einem Rechteck, man kann nachrechnen, dass die Hypotenuse des roten und des blauen Dreiecks, die ja eigentlich direkt miteinander abschließen sollen, unterschiedliche Steigungen haben.

## 35 Kopfübungen

1. Sei U der Umfang des Rechtecks. Dann ist
   $U = 46\,cm = 2 \cdot (2 \cdot 9\,cm + 2 \cdot 5\,cm) = 2 \cdot 9\,cm + 2 \cdot (5\,cm + x) \Rightarrow x = 9\,cm$
2. 200
3. Wähle z. B. eine Grundseite von 2 cm und als Oberseite 4 cm.
4. $\alpha = \frac{360°}{5} = 72°$, Innenwinkel $\frac{180° - 72°}{2} = 108°$
5. Antworten (2) und (3) sind korrekt.
6. Mit einer Gesamtschülerzahl von 22 ergibt sich

|  | Relative Häufigkeit | % |
|---|---|---|
| WPK 1 | $\frac{6}{25}$ | 24 |
| WPK 2 | $\frac{8}{25}$ | 32 |
| WPK 3 | $\frac{7}{25}$ | 28 |
| Fremdsprachen | $\frac{4}{25}$ | 16 |

7. 2,5 cm

## 36 [24] Pappmodelle

Schüleraktivität. Alle diese Geräte machen sich den zweiten Stahlensatz zunutze.

[25] *Aus einer anonymen Aufgabensammlung des 15. Jahrhunderts*

a), b) $\frac{x}{75} = \frac{6}{9} \Rightarrow x = 50$
Die Turmhöhe beträgt 50 Ellen.

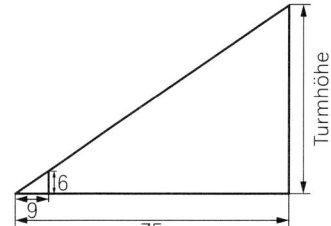

[26] *Aus dem chinesischen Rechenbuch „Jiuzhang suanshu"*
Zunächst sollte man umrechnen:  4 Zoll = $0,\overline{3}$ Fuß.
$\frac{x + 5}{5} = \frac{5}{0,\overline{3}} \Rightarrow x = 75$
Der Brunnen ist 75 Fuß tief.

## 37 Projekt
Schüleraktivität

## 1.4 Fraktale – Selbstähnliche Muster durch Iterationen

## 38 [1] *Die Koch-Schneeflocke*

a) Schüleraktivität.
b) Die Grundform der Schneeflocke, wie sie für die Stufe 5 im Schülerband dargestellt ist, bleibt erhalten. Der Rand wird scheinbar glatter, weil die Konstruktionsdreiecke immer kleiner werden. Tatsächlich wird der Rand jedoch immer stärker „gezackt".
c) Der Umfang wird immer größer, wächst gegen unendlich. Der Flächeninhalt nähert sich einem Grenzwert an.

**39** **2** *Was versteht man unter „Selbstähnlichkeit"?*

a) Hier abgebildet ist ein mathematischer Baum nach drei Schritten.

b) Hier kann man z.B. von Zufallsgeräten die Winkelgröße oder den Verkürzungsfaktor bestimmen lassen und dadurch variieren. Oder man wählt Winkel von z.B. 90° oder 130°, oder andere Verkürzungsfaktoren.

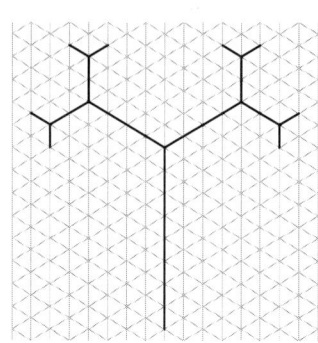

**3** *Das Sierpinski-Dreieck*

a) Schüleraktivität.

b)

| Stufe | 0 | 1 | 2 | 3 | 4 | 5 | 6 | n |
|---|---|---|---|---|---|---|---|---|
| Anzahl der Dreiecke | 1 | 3 | 9 | 27 | 81 | 243 | 729 | $3^n$ |

D sei die Anzahl der Dreiecke; dann gilt: $D_{n+1} = 3 \cdot D_n$

c) Der Flächeninhalt schrumpft von Stufe zu Stufe um $\frac{1}{4}$.

A sei der Flächeninhalt aller Dreiecke einer Stufe; dann gilt: $A_{n+1} = \frac{3}{4} \cdot A_n$

**41** **4** *Iterationsformel für Flächeninhalt des Fraktalstaubs*

Es ist $G_n = A_n Z_n$ und damit $G_{n+1} = A_{n+1} Z_{n+1} = \frac{4}{9} A_n Z_n = \frac{4}{9} G_n$. Der Flächeninhalt wird also immer kleiner und geht für sehr große n gegen 0.

**5** *Schneeflocke*

a) Zeichne ein Quadrat (Stufe 0) und markiere auf jeder Seite die Drittel. Verbinde gegenüberliegende Markierungen und erhalte so ein Gitter, welches das Quadrat in 9 gleich große Felder einteilt. Nun entferne die an die mittleren Drittel der Außenkanten angrenzenden Felder. Dies ergibt Stufe 1 mit vier verbleibenden Quadraten. Verfahre mit diesen erneut wie eben beschrieben usw.

b)

| Stufe | Anzahl Quadrate | Flächeninhalt einzelnes Quadrat | Gesamtfläche aller Quadrate |
|---|---|---|---|
| 0 | 1 | 1 | 1 |
| 1 | 5 | $\frac{1}{9}$ | $\frac{5}{9}$ |
| 2 | 25 | $\frac{1}{81}$ | $\frac{25}{81} \approx 0{,}31$ |
| 3 | 125 | $\left(\frac{1}{9}\right)^3$ | $\frac{1}{729} \approx 0{,}17$ |
| 4 | 625 | $\left(\frac{1}{9}\right)^4$ | $\frac{625}{6561} \approx 0{,}095$ |

**41** **6** *Fünfeck-Fraktal*

a) Schüleraktivität (vergleiche Bild in der Aufgabe im Schülerbuch).

b) Zeichne ein Pentragramm (Stufe 0). Im Inneren des Dreiecks ist ein gleichmäßiges Fünfeck zu erkennen. Zeichne in dieses wieder ein Pentragramm, dessen Spitzen gerade in den Ecken des Fünfecks liegen (Stufe 1). In diesem lässt sich wieder ein Fünfeck ausmachen. Fahre fort wie beschrieben.

c) Aus obiger Anleitung geht schon hervor, dass es sich bei der Konstruktion um eine geometrische Iteration handelt. Diese lässt sich beliebig oft wiederholen. Die auf jeder Stufe neu entstehenden Pentragramme sind jeweils verkleinerte Kopien des Ausgangspentagramms. Folglich ist auch das Kriterium der Selbstähnlichkeit erfüllt.

d) Schüleraktivität.

e) Schüleraktivität. (vergleiche Bild auf der Marginalie im Schülerbuch)

**7** *Ein fraktaler Schwamm*

a) Das Volumen V des Würfels mit Kantenlänge a bei Stufe 0 ist $a^3$. Die Stufe 1 konstruiert man, indem man den Würfel zunächst in 27 gleich große Würfel unterteilt und mittig auf jeder Seite einen Würfel sowie den Würfel im Zentrum entfernt. Insgesamt werden dabei also 7 Würfel der Kantenlänge $\frac{a}{3}$ entfernt; ein einzelner dieser Würfel hat demnach ein Volumen von $\left(\frac{a}{3}\right)^3$. Für das Gesamtvolumen bei Stufe 1 erhält man also $a^3 - 7 \cdot \left(\frac{a}{3}\right)^3 = \frac{20}{27} \cdot a^3$. Die Oberfläche des Würfels bei Stufe 0 ist $6\,a^2$. Durch Konstruktion der Stufe 1 entfernt man sechsmal eine Fläche von $\left(\frac{a}{3}\right)^2$, es tauchen dadurch aber jeweils vier neue Flächen der Größe $\left(\frac{a}{3}\right)^2$ an der Oberfläche auf, die Gesamtoberfläche der Stufe 1 ist also $6 \cdot a^2 - 6 \cdot \left(\frac{a}{3}\right)^2 + 6 \cdot 4 \cdot \left(\frac{a}{3}\right)^2 = 6 \cdot a^2 + 6 \cdot 3 \cdot \left(\frac{a}{3}\right)^2 = 8\,a^2$.

b) Das Bild zeigt Stufe 4. An Stufe n besteht der Würfel aus $20^n$ Würfeln und hat ein Volumen von $\left(\frac{1}{3}\right)^{3n} 20^n = \left(\frac{20}{27}\right)^n$. Stufe 4 hat also ungefähr ein Volumen von 0,3 $(LE)^3$.
Die Oberfläche wird für unendlich große n unendlich groß, da mit jedem Iterationsschritt neue Oberfläche gewonnen wird.

c) Die Behauptung stimmt. Mit zunehmender Iterationsstufe wird immer mehr Volumen entfernt, bis das Gesamtvolumen schließlich gegen Null geht. Die Oberfläche wird hingegen unendlich groß, siehe Teil b).

**42** **Projekt**

Schüleraktivität.

# Kapitel 2
# Reelle Zahlen

## Didaktische Hinweise

Mit den reellen Zahlen erfahren die Zahlbereichserweiterungen im Kerncurriculum der Sek. I einen vorläufigen Abschluss. Auch wenn für viele Anwendungen in der Regel nur Näherungswerte für irrationale Zahlen von Bedeutung sind, so stellen sie doch ein interessantes Gebiet dar, in dem Schülerinnen und Schüler einen altersgemäßen Zugang zu Eigenschaften von Zahlen gewinnen können. Dieser erschließt sich eher durch theoretische Überlegungen und ermöglicht so einen Einblick in Fragen der „reinen" Mathematik. Erstaunlicherweise sind Schülerinnen und Schüler gerade für Fragestellungen im Zusammenhang mit irrationalen Zahlen offen, entziehen diese sich doch häufig der unmittelbaren Anschauung oder stehen z. T. scheinbar im Widerspruch zu dieser und sind gleichzeitig geeignet, den Horizont zu erweitern.

Aufgebaut ist dieses Kapitel in zwei Lernabschnitte, wobei sich der erste eher auf das praktische Rechnen mit und Anwenden von irrationalen Zahlen bezieht (**2.1** *Von den rationalen zu den irrationalen Zahlen*). Der zweite Lernabschnitt **2.2** *Rechnen mit Wurzeln* nimmt sich der besonderen Eigenschaften von Wurzeln beim Rechnen an und führt abschließend die Anwendungen von irrationalen Zahlen beim „Goldenen Schnitt" zu einem vorläufigen Höhepunkt.

In der Regel haben eine Reihe von Schülerinnen und Schüler eine „Anmutung" von irrationalen Zahlen. Die meisten antworten auf die Frage, ob es eine Zahl gibt, deren Quadrat gleich 5 ist, dass es eine solche Zahl gibt und dass diese etwa 2,2 beträgt. In Lernabschnitt **2.1** werden in der ersten grünen Ebene Probleme aufgeworfen, bei deren Lösung man zwangsläufig auf Gleichungen und Konstruktionen stößt, deren Lösungen irrational sind. Die Existenz von irrationalen Zahlen wird zunächst stillschweigend vorausgesetzt. Das Wurzelzeichen wird als Schreibweise für die „neuen" Zahlen eingeführt, und diese Zahlen werden beim Lösen von Problemen verwendet. In Spezialfällen führen „Wurzeln" auf natürliche, und somit rationale Zahlen. Die Dezimaldarstellung rationaler Zahlen wird wiederholend thematisiert und damit die notwendige Zahlbereichserweiterung erfahren. Irrationale Zahlen werden dann als Zahlen mit unendlicher, nicht periodischer Dezimalentwicklung charakterisiert, Beweise für Irrationalität finden nicht statt. In diesem ersten Lernabschnitt kann man im Aufgabenbereich anhand verschiedener interessanter Situationen erfahren, dass irrationale Zahlen in vielen Sachzusammenhängen von großer Bedeutung sind. Man sollte sich hier auch nicht davor scheuen, in einem „dezenten" Vorgriff z. B. $\pi$ zu thematisieren.

Das Kapitel schließt ab mit dem Lernabschnitt **2.2** *Rechnen mit Wurzeln*. Im Alltag rechnet man in der Regel nicht mit irrationalen Zahlen, sondern mit rationalen Näherungswerten. Dennoch ist die Beschäftigung mit dem Rechnen mit irrationalen Zahlen am Beispiel der Quadratwurzeln spannend, da sich Rechenregeln, die auf der Hand zu liegen scheinen, als falsch erweisen, andere wiederum bestätigen. Rechenregeln zu entdecken, zu erforschen und zu überprüfen ist motivierend. Beweise durch Nachrechnen verlangen zumeist einige Kenntnisse der Algebra, die auf diesem Wege wiederholt werden können (z. B. die binomischen Formeln, Distributivgesetz usw.). Überraschende Berechnungen eines CAS können gut als Motiv für eine ‚Aufklärung' benutzt werden (Übungen 14/15). Quadratwurzelterme motivieren zudem die Frage nach der Definitionsmenge. Einen schönen Zugang, der es ermöglicht, dass die Schülerinnen und Schüler sich für das Thema „Definitionsmenge eines Wurzelterms" interessieren, ermöglicht der GTR. Die Auswertung der Terme $(\sqrt{x})^2$ bzw. $\sqrt{x^2}$ für verschiedene x lädt ein zu Vermutungs- und Begründungsaktivitäten (Aufgabe 21).

Eine besonders schöne Anwendung für Wurzeln ist der „Goldene Schnitt", der in der Kunst seit Jahrhunderten, wenn nicht seit Jahrtausenden immer wieder diskutiert und angewendet wird. Dieses Thema lässt sich zu einem fachübergreifenden Projekt mit einer Ausstellung sowohl der mathematischen als auch der künstlerischen Ergebnisse ausbauen. Diese Chance sollte man sich an dieser Stelle nicht entgehen lassen, ist ein solches fächerübergreifendes Projekt (S. 63) doch eine Bereicherung der mehr theoretisch orientierten Beschäftigung mit irrationalen Zahlen.

# Lösungen

## 2.1 Von den rationalen zu den irrationalen Zahlen

**48**  **1** *Das kannst du noch – Aktivitäten rund um rationale Zahlen*

(1) $\frac{1}{2} < \frac{3}{4} < \frac{4}{3} < \frac{24}{12} < \frac{17}{6}$

(2) a) 14,25          b) 3,4565          c) $\frac{47}{72}$          d) $\frac{ad+cb}{2bd}$

(3) a) z. B. $\frac{31}{180}, \frac{32}{180}, \frac{33}{180}, \frac{34}{180}, \frac{35}{180}$

   b) z. B. $\frac{56}{330}, \frac{57}{330}, \frac{58}{330}, \frac{59}{330}, \frac{60}{330}, \frac{61}{330}, \frac{62}{330}, \frac{63}{330}, \frac{64}{330}, \frac{65}{330}$

   c) Unendlich viele

**2** *Aus Zwei mach Eins – Quadrate führen zu einer seltsamen Entdeckung*

a) Es entsteht ein Quadrat mit einer Seitenlänge, die der rot gestrichelten Linie (Diagonale) in den Quadraten im Schülerband entspricht und einen Flächeninhalt von 50 cm² hat.

b) Der Flächeninhalt des großen Quadrats beträgt 50 cm². Messungen ergeben eine Seitenlänge von ungefähr 7,1 cm. Ein Quadrat mit 7,1 cm Seitenlänge hätte aber eine Fläche von 50,41 cm².

c) Roberts Wert $\frac{283}{40}$ cm für die Seitenlänge ist zwar ein besserer Näherungswert, aber immer noch etwas zu groß. Das Quadrat hätte einen Flächeninhalt von 50,055625 cm².

d) Dieser Aufgabenteil führt zur *Idee (!) der Intervallschachtelung.* Für Werte, die über einen funktionalen Zusammenhang gegeben sind, bei denen man aber die auftretenden Gleichungen (noch) nicht exakt lösen kann $\left(\text{Hier z. B. } x^2 = 50 \text{ mit der irrationalen Lösung } x = \sqrt{50}\right)$ nähert man sich schrittweise dieser Zahl, „die mit sich selbst multipliziert 50 ergibt": So erhält man mit $7{,}07106^2 = 49{,}99988952$ eine fünfstellige Dezimalzahl, die etwas kleiner ist als 50, die nächstgrößere fünfstellige Dezimalzahl $7{,}07107^2 = 50{,}00003094$ ist aber bereits größer als 50. Dazwischen gibt es keine weitere fünfstellige Dezimalzahl. Es gibt aber Dezimalzahlen, die zwischen diesen Werten liegen, z.B. die sechsstellige Dezimalzahl 7,071065 – oder eben auch zehnstellige Dezimalzahlen. Aber auch hier sehen die Schülerinnen und Schüler, dass sich entweder eine zu kleine oder eine zu große zehnstellige Dezimalzahl ergibt: $7{,}0710678119^2 \approx 50{,}00000000049 > 50$, aber $7{,}0710678118^2 < 49{,}99999999907$. Die Schülerinnen und Schüler erkennen unter Umständen, dass man sich auf diese Weise der gesuchten Zahl immer weiter nähern kann. Unklar bleibt, ob man diese mit hinreichend vielen Dezimalstellen exakt erreichen kann.

**3** *Gleichungen lösen*

a) (1) $x = 9$ oder $x = -9$          (2) $x = 0$

   (3) $x = 0{,}2$ oder $x = -0{,}2$          (4) $x \approx 2{,}236$ oder $x \approx -2{,}236$

   (5) keine Lösung          (6) $x \approx 3{,}162$ oder $x \approx -3{,}162$

b) Die Gleichungen können als Lösung sowohl eine Zahl als auch deren Gegenzahl haben, da sowohl „plus mal plus" als auch „minus mal minus" eine positive Zahl ergibt. Gleichung (2) hat als Lösung nur die Null, da die Null keine Gegenzahl hat; Gleichung (5) hat keine Lösung, da das Quadrat einer Zahl nie negativ ist.

**49** [4] *Mathematik ohne Worte*

a) Über der Zahlengerade wird ein Quadrat mit der Seitenlänge 1 gezeichnet. Die Diagonallänge wird vom Nullpunkt aus auf der Zahlengeraden abgetragen. Die Diagonale ist gerade die Grundseite des Quadrats, das den doppelten Flächeninhalt wie das Ausgangsquadrat, also 2 hat.

Beim Versuch $\sqrt{2}$ als abbrechende Dezimalzahl darzustellen, stellt man fest, dass dies nicht möglich ist. Wenn man die Probe macht und wieder quadriert, erhält man nicht genau 2.

b) Man zeichnet entsprechend Teilaufgabe a) ein Quadrat mit der Seitenlänge 2 cm (3 cm) und erzeugt daraus ein Quadrat mit doppeltem Flächeninhalt, hier 8 (18). Daraus ergibt sich dann, wie in a), die Seitenlänge $\sqrt{8}$ $\left(\sqrt{18}\right)$.

[5] *Stellenjäger*

a) 4,12 < a < 4,15

Probe: $4,12^2 = 16,97$; $4,15^2 = 17,22$

4,122 < a < 4,135

Probe: $4,122^2 = 16,991$; $4,135^2 = 17,098$

Es ist erkennbar, dass keine Zahl, unabhängig von der Anzahl der Nachkommastellen, genau 17 ergibt. Beim Quadrieren verdoppelt sich die Anzahl der Nachkommastellen, also führt eine höhere Zahl von Nachkommastellen auch nicht zu einer natürlichen Zahl.

b) 9 < a < 10

Probe: $9^2 = 81$; $10^2 = 100$

9,4 < a < 9,5

Probe: $9,4^2 = 88,36$; $9,5^2 = 90,25$

9,48 < a < 9,49

Probe: $9,48^2 = 89,8704$; $9,49^2 = 90,0601$

9,486 < a < 9,487

Probe: $9,486^2 = 89,9842$; $9,487^2 = 90,0032$

Die Seitenlänge liegt zwischen 9,486 m und 9,487 m

c) 2 < a < 3

Probe: $2^3 = 8$; $3^3 = 27$

2,1 < a < 2,2

Probe: $2,1^3 = 9,261$; $2,2^3 = 10,648$

2,15 < a < 2,16

Probe: $2,15^3 = 9,9384$; $2,16^3 = 10,0777$

2,154 < a < 2,155

Probe: $2,154^3 = 9,9939$; $2,155^3 = 10,0079$

Die gesuchte Länge beträgt etwa 2,154 cm.

**51** [6] *Wurzeln – rational oder irrational?*

a) 12    b) 22,361    c) 1,4    d) $\frac{4}{5}$    e) $\approx 0,316$

f) $\approx 5,477$    g) 4,5    h) 0,354    i) 1,1    j) $\frac{5}{25} = \frac{1}{5}$

[7] *Gleichungen*

a) x = 9 oder x = −9    b) x = 3 oder x = −3

c) $x = \frac{7}{3}$ oder $x = -\frac{7}{3}$    d) x ≈ 7,348 oder x ≈ −7,348

e) x ≈ 2,828 oder x ≈ −2,828    f) x ≈ 1,342 oder x ≈ −1,342

g) x ≈ 3,162 oder x ≈ −3,162    h) x ≈ 2,236 oder x ≈ −2,236

[8] *Ganzzahlige Näherungswerte*

a) 7 und 8    b) 5 und 6    c) 10 und 11    d) 14 und 15    e) 20 und 21

**51**  **9** *Der Größe nach ordnen*
$5,9 < \sqrt{35} < 6$

**10** *Zum Nachdenken und Probieren*
a) Jan hat Unrecht, da es Wurzeln gibt, die rational sind, z.B. $4^2 = 16$; $5^2 = 25$.
b) Daniella hat Recht, da diese Zahlen alle als $\frac{a}{10}$ darstellbar sind, wobei a die Zahl nach dem Komma ist, und 10 keine rationale Wurzel hat.

**52**  **11** *Genauer hingeschaut: Dezimaldarstellungen von rationalen Zahlen*
a) $0,75$ b) $0,33333... = 0,\overline{3}$ c) $0,375$
d) $0,\overline{142857}$ e) $0,3125$ f) $0,41\overline{6}$

**12** *Was bin ich?*

| | natürlich | ganz | rational | irrational | reell |
|---|---|---|---|---|---|
| $\frac{7}{3}$ | | | X | | X |
| 2 | X | X | X | | X |
| $\sqrt{2}$ | | | | X | X |
| 0,333... | | | X | | X |
| −8 | | X | X | | X |
| $\sqrt{\frac{36}{25}}$ | | | X | | X |
| $-\sqrt{16}$ | | X | X | | X |
| $\pi$ | | | | X | X |
| 0,3252252225 | | | | X | X |

**53**  **13** *Rund um natürliche, ganze, rationale und irrationale Zahlen*
a) Nein, entweder oder.
b) Nein, sondern natürlich: 12.
c) Nein, irrational, nicht als Bruch darstellbar.
d) Nein, es ist eine rationale Zahl, da sie als Bruch darstellbar ist
e) Nein, die reellen Zahlen umfassen alle rationalen und irrationalen Zahlen.

**14** *Ein Beweisversuch*
Ein Bruch ist eine Divisionsaufgabe, bei der durch den Nenner dividiert wird. Bei der Division können Rest auftreten, durch die Reste entstehen die Nachkommastellen der Dezimaldarstellung. Entweder der Rest wird irgendwann 0, dann ist es eine abbrechende Dezimalzahl, oder ein Rest wiederholt sich irgendwann, dann erhält man eine periodische Dezimalzahl.

**15** *Dicht und doch mit Löchern*
a) Neele: ...1314151617...; Mirko: ...00001000000100...
Es können beides keine Bruchzahlen sein, das sie nicht abbrechen und auch keine Periode enthalten.
b) Schüleraktivität. Es gibt unendlich viele.

**53** **16** *Die berühmte Zahl π*

a) Die rote Markierung stellt den Umfang des Rades dar.

b) Ja, für die damalige Zeit war es die beste Näherung, die ersten 2 Nachkommastellen stimmen (3,14).

c) π ist nicht als Bruch darstellbar.

**17** *Fallzeit*

a)

| Zeit t in Sekunden | 0 | 1 | 2 | 3 | 4 | 5 |
|---|---|---|---|---|---|---|
| Fallstrecke s in Meter | 0 | 5 | 20 | 45 | 80 | 125 |

b) Fallzeit: 1,80 Sekunden

c) $5 \cdot \sqrt{6^2} = 30$; $100 = 5 \cdot \sqrt{20^2}$

Für einen Fall aus 100 m Höhe benötigt der Körper $\sqrt{20}$ Sekunden.

**54** **18** *Probe durch Potenzieren*

a) $5 \cdot 5 \cdot 5 = 125$

b) $110 \cdot 110 = 12\,100$

c) $10 \cdot 10 \cdot 10 \cdot 10 = 10\,000$

d) $2 \cdot 2 \cdot 2 \cdot 2 \cdot 2 \cdot 2 \cdot 2 \cdot 2 \cdot 2 \cdot 2 = 1\,024$

e) $10 \cdot 10 \cdot 10 \cdot 10 \cdot 10 \cdot 10 = 1\,000\,000$

**19** *Was bedeutet …?*

a) $1{,}975 \cdot 1{,}975 \cdot 1{,}975 \cdot 1{,}975 \cdot 1{,}975 = 30{,}0493789$

b) $2{,}155 \cdot 2{,}155 \cdot 2{,}155 \cdot 2{,}155 \cdot 2{,}155 \cdot 2{,}155 = 100{,}157$

c) $1{,}162 \cdot 1{,}162 \cdot 1{,}162 \cdot 1{,}162 \cdot 1{,}162 \cdot 1{,}162 \cdot 1{,}162 \cdot 1{,}162 \cdot 1{,}162 \cdot 1{,}162 \cdot 1{,}162$ $\cdot 1{,}162 \cdot 1{,}162 \cdot 1{,}162 \cdot 1{,}162 \cdot 1{,}162 \cdot 1{,}162 \cdot 1{,}162 \cdot 1{,}162 = 20{,}1429$

d) $8{,}062 \cdot 8{,}062 = 65$

e) $0{,}1 \cdot 0{,}1 \cdot 0{,}1 = 0{,}001$

**20** *Überschlagsrechnung*

a) $\approx 4{,}5\,cm$     b) $\approx 4{,}2\,m$     c) $\approx 24{,}5\,km$     d) $\approx 31{,}6\,cm$

**55** **21** *An einem klaren Tag am Meer*

a) Man sieht ungefähr 4,56 km weit.

b)

| Augenhöhe h in m | 5 | 10 | 20 | 40 | 80 |
|---|---|---|---|---|---|
| Sichtweite w in km | 8,06 | 11,40 | 16,13 | 22,80 | 32,25 |

Wenn sich die Höhe vervierfacht, verdoppelt sich die Sichtweite.

**22** *Oberfläche*

a) 6 cm     b) $\approx 8{,}94\,cm$     c) 10 cm     d) $\approx 11{,}83\,cm$

**23** *Die Kantenlänge eines Würfels*

a) (1) 1 cm     (2) 2 cm     (3) $\approx 2{,}15\,cm$     (4) 3 dm

b) Beispiele:   $V = 64\,cm^3$; $a = 4\,cm$
$V = 216\,m^3$; $a = 6\,m$
Etc.

c) $2 < \sqrt[3]{20} < 3$
$4 < \sqrt[3]{80} < 5$
$5 < \sqrt[3]{200} < 6$

## 55    Kopfübungen

1. $35\%$; $\frac{35}{100}$; $\frac{7}{20}$
2. 16 Winkel: 8 Winkel mit $105°$, 8 Winkel mit $75°$
3. a) $\frac{3}{8} \cdot 8 = 3$;       b) $2 : \frac{2}{7} = 7$
4. $1\,dm^2$, $1\,m^2$, $1\,ha$
5. a) $7$;       b) $4$;       c) $-2$;       d) $-5$
6. $90\,min$
7. (A) und (C)

## 56

**24** *Zum Knobeln und Ausprobieren*

a) Im 19. Jahrhundert war nur die Jahreszahl 1849 eine Quadratzahl. De Morgan wurde deshalb im Jahre 1806 geboren und war im Jahr $1849 = 43^2$ also 43 Jahre alt.

b) Nach dem Jahre $2025 = 45^2$ könnten die 1980 geborenen Menschen De Morgans Ausspruch machen.

**25** *Periodische Dezimalzahlen bauen*

Schüleraktivität. Die Strategie zum Erzeugen periodischer Dezimalzahlen wird auf dem im Buch abgebildeten Screen gut deutlich.

**26** *„Dicht und dichter"*

a) Das Vorgehen ist, dass man eine Zahl festhält und für die zweite Zahl immer die Mitte der festgehaltenen und der vorherigen zweiten Zahl wählt.

b) Am Ende passt nur noch $0,\overline{3} = \frac{1}{3}$ zwischen die beiden Zahlen.

Für $\frac{1}{9}$ kann man folgende Intervalle konstruieren:

|  | Abstand |
|---|---|
| [0,1;0,2] | 0,1 |
| [0,11;0,12] | 0,01 |
| [0,111;0,112] | 0,001 |
| [0,1111;0,1112] | 0,0001 |

**27** *Dezimaldarstellung von $\sqrt{2}$*

**Anmerkung an die erste Auflage:** $\sqrt{2} = 1,41421356237$

Überprüfung des Ergebnis: $1,41421356237^2 = 1,99999999999$

Lasse hat recht, $\sqrt{2}$ ist eine irrationale Zahl, hat also keine endliche und auch keine periodische Dezimaldarstellung.

## 2.2 Rechnen mit Wurzeln

**57**  **1** *Rechenregeln beim Quadrieren*
a) Offenbar richtig sind die Regeln (1), (4), (5), (6) und (8).
b) (1) $k \cdot a^2 + l \cdot a^2 = (k + l)a^2$ (Distributivgesetz)
(3) Wird durch die 1. binomische Formel widerlegt.
(4) $a^2 \cdot b^2 = a \cdot a \cdot b \cdot b$
$\qquad = a \cdot b \cdot a \cdot b \qquad$ (Kommutativgesetz)
$\qquad = (a \cdot b) \cdot (a \cdot b) \quad$ (Assoziativgesetz)
$\qquad = (a \cdot b)^2$
(5) $\dfrac{a^2}{b^2} = \dfrac{a \cdot a}{b \cdot b} = \dfrac{a}{b} \cdot \dfrac{a}{b} = \left(\dfrac{a}{b}\right)^2$
(6) $a^2 \cdot a^2 = a \cdot a \cdot a \cdot a = a^4$
(8) Minus mal Minus ist Plus

**2** *Was ist da falsch?*
Christophs Rechnung ist falsch, da $\sqrt{a + b} = \sqrt{a} + \sqrt{b}$ nicht allgemeingültig ist.

**3** *Rechne mit Wurzeln*
a) Schüleraktivität.
b) Schüleraktivität.
c) $a\sqrt{c} + b\sqrt{c} = (a + b)\sqrt{c}$

**58**  **4** *Vereinfache*
a) $2\sqrt{11}$     b) $10\sqrt{21}$     c) $\sqrt{5}$     d) keine Vereinfachung möglich
e) $7\sqrt{5}$     f) $10\sqrt{a}$     g) $-3\sqrt{b}$     h) keine Vereinfachung möglich

**5** *Vereinfache durch geschicktes Ordnen und Zusammenfassen*
a) $5 + 4\sqrt{2}$     b) $2\left(\sqrt{10} - \sqrt{6}\right)$     c) $2\sqrt{x} + 3\sqrt{y}$
d) $4\sqrt{a} - 6$     e) $\sqrt{11}$     f) $5\left(\sqrt{3} - \sqrt{6}\right) + 4\left(\sqrt{10} + \sqrt{11}\right)$

**59**  **6** *Wurzelterme vereinfachen*
a) $\sqrt{30}$     b) $5\sqrt{14}$     c) $3\sqrt{33}$     d) 13
e) 18     f) 250     g) $2\sqrt{2} + \sqrt{6}$     h) $3 - 5\sqrt{3}$

**7** *Distributivgesetz nutzen*
a) $\sqrt{6} + 5\sqrt{2}$     b) $\sqrt{42} + \sqrt{33}$     c) $\sqrt{14} - \sqrt{7} + 6\sqrt{2} - 6$
d) 2     e) $3 - 10\sqrt{3} + \sqrt{30} - 10\sqrt{10}$     f) $\sqrt{ab} + \sqrt{ac}$
g) $1 + \sqrt{2}$     h) $\dfrac{\sqrt{2}}{1 + \sqrt{4}}$ (kürzen mit $\sqrt{3}$) $= \dfrac{\sqrt{2}}{3}$

**8** *Kannst du den Term ohne Wurzel schreiben?*
a) 10     b) 1,5     c) 0,4     d) 2     e) 10     f) $\dfrac{2}{3}$

**9** *Teilweises Wurzelziehen*
a) $3\sqrt{3}$     b) $10\sqrt{2}$     c) $150\sqrt{2}$     d) $\dfrac{4\sqrt{2}}{5\sqrt{5}}$     e) $\dfrac{20}{3\sqrt{3}}$     f) $0,3\sqrt{2}$

**10** *Teilweises Wurzelziehen rückgängig machen*
a) $3\sqrt{7} = \sqrt{9 \cdot 7} = \sqrt{63}$     b) $2\sqrt{2} = \sqrt{4 \cdot 2} = \sqrt{8}$
c) $6\sqrt{\dfrac{1}{6}} = \sqrt{36 \cdot \dfrac{1}{6}} = \sqrt{6}$     d) $0,5\sqrt{2} = \sqrt{0,25 \cdot 2} = \sqrt{0,5}$

**59** **11** *Vereinfache soweit wie möglich*

a) $2\sqrt{22}$　　b) $\frac{15}{7}\sqrt{14}$　　c) $2\sqrt{10}$　　d) $\frac{32}{3}\sqrt{3}$

e) $10\sqrt{10}$　　f) $\frac{3}{2}\sqrt{6}$　　g) $2\sqrt{14}$　　h) $\frac{1}{4}\sqrt{26}$

**12** *Teste dein Wissen*

a) Der Radikand wurde in eine Summe umgeformt und dann aus den Summanden einzeln die Wurzeln gezogen; letzteres ist falsch.

b) Die Wurzel wurde ignoriert.

c) Die 1. binomische Formel wurde nicht korrekt angewendet:
$$\left(\sqrt{5}+\sqrt{7}\right)^2 = 5 + 2\sqrt{35} + 7 = 12 + 2\sqrt{35}$$

d) Es wurde richtig gerechnet.

e) Bei der ersten Umformung, Ausklammern der 2, wurde die Klammer vergessen; danach wurden die Radikanden zweier Wurzeln addiert, was falsch ist.
Man kann umformen zu $2\left(\sqrt{5}+\sqrt{10}\right)$ oder zu $\sqrt{20}+\sqrt{40}$.

f) Hier wurde die dritte binomische Formel richtig angewandt.

**13** *Abschlusstraining zum Rechnen mit Wurzeln*

a) $\sqrt{5}-2$　　b) $2\sqrt{3}-3\sqrt{2}$　　c) $-6\sqrt{\frac{1}{2}}$　　d) $\frac{1}{2}$

e) $4-4\sqrt{2}$　　f) $-6$　　g) $12\sqrt{3}$　　h) $1,2$

**60** **14** *Dem CAS auf der Spur I*

a) Das CAS vereinfacht Terme durch teilweises Wurzelziehen.

b) Schüleraktivität.

c) Das CAS kürzt oder erweitert Brüche so, dass im Nenner keine Wurzel mehr steht.

d) (1) $\sqrt{2}$　　(2) $\frac{5\sqrt{2}}{2}$　　(3) $6\sqrt{2}-6$　　(4) $2\sqrt{2}-3$

**15** *Komplizierter Term – schönes Ergebnis, erstaunlich, oder?*

a) (1) $\left(\sqrt{8}+\sqrt{2}\right)^2 = 8 + 2\sqrt{8}\sqrt{2} + 2 = 8 + 2\cdot4 + 2 = 18$

(2) $\left(\sqrt{8}-\sqrt{2}\right)^2 = 8 - 2\sqrt{8}\sqrt{2} + 2 = 8 - 2\cdot4 + 2 = 2$

(3) $\left(\sqrt{8}+\sqrt{2}\right)\left(\sqrt{8}-\sqrt{2}\right) = 8 - 2 = 6$

b) Möglich sind jeweils beide Varianten, hier ist beispielhaft nur eine gezeigt:

(1) $\left(\sqrt{12}+\sqrt{3}\right)^2 = 12 + 2\sqrt{12}\sqrt{3} + 3 = 12 + 2\cdot6 + 3 = 27$

(2) $\left(\sqrt{20}+\sqrt{45}\right)^2 = \left(2\sqrt{5}+3\sqrt{5}\right)^2 = 25\cdot5 = 125$

(3) $\left(\sqrt{75}+\sqrt{12}\right)\left(\sqrt{75}-\sqrt{12}\right) = 75 - 12 = 63$

c) Man muss darauf achten, dass der gemischte Term beim Anwenden der binomischen Formeln zu einer natürlichen Zahl umgeformt werden kann, also dass $a\cdot b$ ein Quadrat einer natürlichen Zahl ist.

**16** *Zur Erinnerung*

a) bis h) Bis auf $\sqrt{-0,3}$; $\sqrt{-10}$; $\sqrt{-1}$ sind alle anderen Wurzeln reelle Zahlen.

i) Für negative Radikanden a ist die Wurzel keine reelle Zahl.

**17** *Definitionsmenge oder „Welche Werte sind zugelassen?"*

a) $D = \{a \mid a \geq 3\}$　　b) $D = \{x \mid x \geq -5\}$　　c) $D = \mathbb{R}$

d) $D = \{y \mid |y| \geq 1\}$　　e) $D = \mathbb{R}$　　f) $D = \mathbb{R}$

**61** **18** *Terme zusammenfassen*

a) $9\sqrt{a}$　　b) $5\sqrt{x} - \sqrt{z}$　　c) $(2a + b)\sqrt{x} + (a - b)\sqrt{y}$

**61** **19** *Wurzeln beseitigen*
a) a  b) $b^2$  c) $4x$  d) $5\sqrt{a}$, $a > 0$  e) a

**20** *Training*
a) $ab\sqrt{a}$  b) $2xy^2\sqrt{3}$  c) $2y\sqrt{6xy}$  d) $\sqrt{c}$  e) $2\sqrt{x}$
f) $5ab\sqrt{3}$  g) $\frac{a\sqrt{b}}{b}$  h) $\frac{\sqrt{a}}{2}$  i) $\frac{12x}{y^2}$  j) $\frac{ac}{b}$

**21** *Dem CAS auf der Spur II*
a) Schüleraktivität; Entdecken der Betragsfunktion.
b)

| | $-3$ | $-2$ | $-1$ | 0 | 1 | 2 | 3 |
|---|---|---|---|---|---|---|---|
| $y = \left(\sqrt{x}\right)^2$ | – | – | – | 0 | 1 | 2 | 3 |
| $y = \sqrt{x^2}$ | 3 | 2 | 1 | 0 | 1 | 2 | 3 |

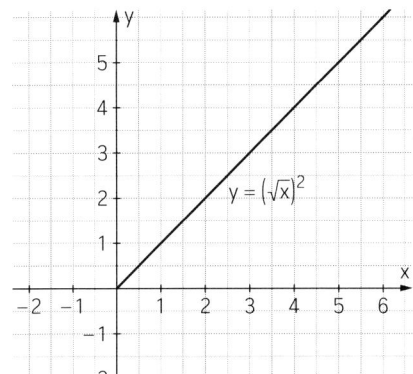
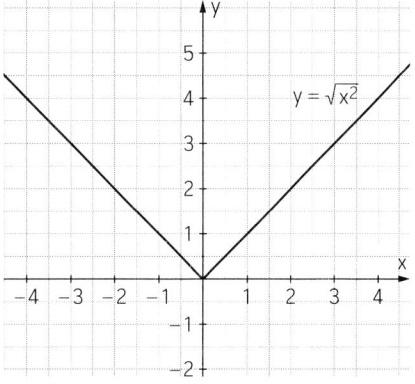

Die Graphen der beiden Funktionen entsprechen für positive x der Geraden $y = x$, der Graph zu $\sqrt{x^2}$ entspricht für negative x der Geraden $y = -x$.

## Kopfübungen

1. a) $\frac{27}{4} < \frac{36}{4}$;  b) $\frac{21}{40} > \frac{23}{50}$
2. $10°$
3. $s = -3$
4. $10\,000$
5. 0 und $-1$
6. $\frac{1}{282} = 0,35\,\%$
7. Nein, gehört er nicht; der Punkt $\left(\frac{1}{4}\,\middle|\,-3\right)$ würde dazugehören.

**62** **22** *Training mit CAS*
$$|a + b| = \sqrt{a^2 + 2ab + b^2}$$
$$\sqrt{a + b + 2\sqrt{ab}} = \sqrt{a} + \sqrt{b}$$
$$\sqrt{6} = 2\sqrt{\frac{3}{2}} = \frac{10\sqrt{3}}{5\sqrt{2}}$$
$$\frac{\sqrt{b}}{\sqrt{a^3}} = \frac{\sqrt{ab}}{a^2}$$

**62**

**23** *Genau hingeschaut*

In der letzten Zeile im rechten Bildschirm sind die einzelnen Wurzelterme nicht definiert, da b negativ und a positiv, somit der ganze Term negativ. In dem Bildschirm links wird nicht weiter vereinfacht, da keine genaueren Angaben zu a und b gegeben sind und deswegen nicht klar ist, ob die beiden Wurzeln definiert sind oder nicht.

**24** *Mit Wurzeln Kurven entdecken*

a)

| x | $-3$ | $-2$ | $-1$ | $-0,5$ | 0 | 0,5 | 1 | 2 | 3 |
|---|------|------|------|--------|---|-----|---|---|---|
| $y_1$ | $-$ | 0 | 1,73 | 1,94 | 2 | 1,94 | 1,73 | 0 | $-$ |
| $y_2$ | 3,61 | 2,83 | 2,24 | 2,06 | 2 | 2,06 | 2,24 | 2,83 | 3,61 |

b)

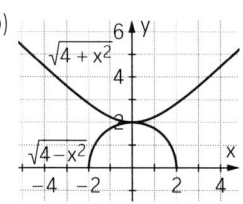

c) Bei $y_2$ kommen nur positive Werte unter der Wurzel vor.

**63**

**25** *Das goldene Rechteck*

a) 1,618

b) Es sind die beiden Rechtecke rechts und links direkt neben dem Bogen: 1,1 zu 1,8 cm auf dem Papier.

c) (3) und (5)

d) Schüleraktivität.

**26** *Das goldene Verhältnis*

Schüleraktivität.

# Kapitel 3
# Satzgruppe des Pythagoras

## Didaktische Hinweise

In diesem Kapitel werden im ersten Lernabschnitt zunächst zentrale Argumentationsformen der Mathematik bereitgestellt („Definition", „wenn-dann-Sätze", Umkehrungen). Dies erfolgt einerseits durch Rückbezug auf exemplarisch (Transversale im Dreieck, Satz des Thales) schon in Klasse 7/8 behandelte Inhalte, anderseits werden Übungen aus verschiedenen Teilgebieten (Geometrie, Algebra) zum Festigen gegeben.

Mit der Satzgruppe des Pythagoras werden zentrale Sätze der Geometrie kennengelernt. In diesem Kapitel stehen dann dementsprechend einerseits unterschiedliche Begründungen und Beweise der Sätze im Mittelpunkt, andererseits natürlich auch die vielfältigen Anwendungen, vor allem im Zusammenhang mit dem Berechnen von Längen in Ebene und Raum. Insgesamt liegt in diesem Kapitel aber der Schwerpunkt bei innermathematischen Prozessen.

Für die Einführung des Satzes in **3.2** werden zwei unterschiedliche Zugänge angeboten. Heute ist nicht der Flächenaspekt des Satzes zentral, sondern die Möglichkeit der Berechnung von Streckenlängen. Entsprechend wird hier problemorientiert die Berechnung bisher nicht berechenbarer Streckenlängen als Ausgangsproblem benutzt. Über die Diagonale im Quadrat zum Abstand zweier Punkte in einem Koordinatensystem ergibt sich der Satz. Der Flächenaspekt wird dann nachgereicht. Im zweiten Zugang wird klassisch über ein Flächenpuzzle der Satz erschlossen. In einer dritten Aufgabe kann hier schon die Umkehrung (Knotenschnüre bei den Ägyptern) behandelt werden. Die Übungen sind wieder so aufgebaut, dass zunächst elementare Übungen ohne digitale Hilfsmittel angeboten werden, ehe in einer Weitung mit der Einführung von Makros mit einem CAS die Berechnungsmöglichkeiten effektiver werden und funktionales Denken geschult werden kann (Übungen 15-17, Aufgaben 21/22).

Der Lernabschnitt **3.3** widmet sich allein unterschiedlichen Beweisen des Satzes von Pythagoras. Dabei werden behutsam und altersgerecht zunehmend auch Algebraisierungen eingeführt, die Sequenzierung erfolgt von „Bildbeweisen" zu mehr formal-algebraischen. Durch Variieren des Satzes wird das kreative Entdecken von Zusammenhängen angeregt. Mit dem Großen Fermat'schen Satz wird abschließend ein historisch bedeutsamer Satz und seine Geschichte angesprochen.

In **3.4** werden mit Kathetensatz und Höhensatz die anderen Sätze der Satzgruppe thematisiert. Entsprechend der Intentionen des KC stehen zunächst die Beweise im Mittelpunkt. Es werden Strategien angegeben und Schülerinnen und Schülern vielfältige Übungsmöglichkeiten für das Begründen und Beweisen gegeben. Anwendungen, Formelerstellungen (mit Makros) und geometrisch orientierte Flächenverwandlungen schließen diesen Lernabschnitt ab.

Der Lernabschnitt **3.5** ist ganz in der Tradition von Neue Wege dem Problemlösen gewidmet. Wie schon bei den linearen Funktionen in 8 und hier später auch bei den quadratischen Funktionen werden im Basiswissen explizit Strategien angegeben, die verbunden mit den ausführlichen Beispielen und vielfältigen Übungen, das Erlernen von Problemlösen auf allen Niveaustufen ermöglichen.

# Lösungen

## 3.1 Definieren, Argumentieren und Beweisen

**70**   **1** *Was ist eigentlich ein Rechteck?*
Ein Rechteck ist ein Viereck mit vier rechten Winkeln.

**71**   **2** *Wenn-dann-Aussagen*
(1) Wenn es ein Feuerwerk gibt, dann ist Silvester. Falsch, ein Feuerwerk gibt es manchmal auch bei anderen Gelegenheiten.
(2) Wenn Simon mit dem Bus zur Schule fährt, regnet es. Falsch, Simon kann auch aus anderen Gründen mit dem Bus fahren.
(3) Wenn Kai in einem Schaltjahr geboren wurde, dann hat er am 29. Februar Geburtstag. Falsch; er könnte an jedem anderen Tag in dem Schaltjahr geboren sein.
(4) Wenn Herr M. sich zur Tatzeit am Tatort befand, dann ist er der Täter. Falsch; Herr M. könnte auch ein Zeuge oder sogar das Opfer sein.

**3** *Beweisen in der Algebra*
Die Begründung 3 ist die formal korrekte. Es reichen nicht nur ein paar Beispiele, wie in Begründung 1 oder das nicht-Finden eines Gegenbeispiels, wie in Begründung 2.

**72**   **4** *Gute Definition für eine Primzahl*
Antwort (3)

**5** *Was ist ein Messer?*
Z. B.: Ein Gegenstand bestehend aus Griff und Klinge, mit der geschnitten und (gegebenenfalls) gestochen werden kann.

**73**   **6** *Definitionen für Vierecke*
1. Reihe (von links nach rechts)
(1) Raute                    (2) Trapez                    (3) Rechteck
2. Reihe (von links nach rechts)
(4) Quadrat                  (5) Drachenviereck            (6) Parallelogramm

**7** *Entscheidungen*
Bei dieser Aufgabe soll der Gebrauch des Begriffs *Definition* noch einmal trainiert werden. Dabei werden die Schülerinnen und Schüler feststellen, dass es wesentlich leichter ist, mathematische Figuren eindeutig zu definieren als Gebrauchsgegenstände.
a) schlecht (Einen Kreis kann man z. B. auch mit einer Münze zeichnen.)
b) schlecht (Danach wäre eine Raute auch ein Quadrat, was falsch ist.)
c) schlecht (Diese Definition wäre dann gut, wenn man ergänzen würde, dass eine Diagonale halbiert wird.)
d) gut
e) schlecht (Ein Roller hat auch zwei Räder.)
f) schlecht (Danach wäre auch eine Raute oder ein Parallelogramm ein Rechteck, was aber falsch ist.)

**74** 〔 **8** 〕 *Sätze aus dem Sport*
  (1) Aussage wahr, die Umkehrung nicht, es kann auch andere Gründe haben, weswegen Fans jubeln.
  (2) Aussage i.d.R. wahr, die Umkehrung nicht; auch bei einem Foul im Strafraum gibt es einen Elfmeter.
  (3) Aussage ist wahr und auch die Umkehrung.

〔 **9** 〕 *Sätze aus der Geometrie*
  a) (1) Falsch, auch ein beliebiges Viereck kann senkrechte Diagonalen haben.
     (2) Wahr.
     (3) Falsch. Ein rechtwinkliges Dreieck kann auch gleichschenklig sein.
  b) *Satz des Thales:* Wenn bei einem Dreieck ABC die Ecke C auf dem Kreis mit Durchmesser $\overline{AB}$ liegt, dann hat das Dreieck bei C einen rechten Winkel.
     *Umkehrung des Satz des Thales:* Wenn ein Dreieck ABC bei C einen rechten Winkel hat, dann liegt C auf dem Kreis mit Durchmesser $\overline{AB}$.

〔 **10** 〕 *Logiktraining – Mathematische Sätze*
  a) Wenn ein Viereck vier gleichlange Seiten hat, dann ist es ein Quadrat.
     *Umkehrung:* Wenn ein Viereck ein Quadrat ist, dann hat es vier gleichlange Seiten.
     Beide Aussagen sind wahr.
  b) Wenn ein Dreieck gleichseitig ist, dann ist jeder Winkel 60° groß.
     *Umkehrung:* Wenn jeder Winkel in einem Dreieck 60° groß ist, dann ist das Dreieck gleichseitig.
     Beide Aussagen sind wahr.
  c) Wenn eine Zahl durch 4 teilbar ist, dann ist sie gerade.
     *Umkehrung:* Wenn eine Zahl gerade ist, dann ist sie durch 4 teilbar.
     Die Umkehrung stimmt nicht, z.B. ist 6 gerade, aber nicht durch 4 teilbar.
  d) Wenn Dreiecke kongruent sind, dann sind sie ähnlich zueinander.
     *Umkehrung:* Wenn Dreiecke zueinander ähnlich sind, dann sind sie kongruent.
     Die Umkehrung ist nicht wahr, zentrische Streckungen sind zwar Ähnlichkeitsabbildungen, aber keine Kongruenzabbildungen.

〔 **11** 〕 *Wahr oder falsch?*
  a) Wahr.
  b) Falsch; beim Drachen müssen nicht alle vier Seiten gleich lang sein.
  c) Falsch; im gleichschenkligen Trapez sind die Diagonalen gleich lang.
  d) Wahr.
  e) Falsch; ein Rechteck hat vier rechte Winkel.

**75** 〔 **12** 〕 *Wer hat Recht?*
  Das linke Mädchen hat Recht. Ein punktsymmetrisches Viereck hat zwei Paare paralleler Seiten und ist damit ein Parallelogramm, unabhängig davon, welche Eigenschaften es zusätzlich hat.

〔 **13** 〕 *Beweisen üben*
  (1) a und b sind ungerade Zahlen: $a = 2n + 1$, $b = 2m + 1$
     $a \cdot b = (2n + 1)(2m + 1) = 4nm + 2n + 2m + 1 = 2(2nm + n + m) + 1$
     Da der erste Summand eine gerade Zahl ist, ist $a \cdot b$ eine ungerade Zahl.
  (2) a und b sind ungerade Zahlen: $a = 2n + 1$, $b = 2m + 1$
     $a - b = 2n + 1 - (2m + 1) = 2(n - m)$, ist eine gerade Zahl.
  (3) a ist gerade, b ist ungerade: $a = 2n$, $b = 2m + 1$
     $a \cdot b = 2n(2m + 1) = 4nm + 2n = 2(2nm + n)$ ist eine gerade Zahl.

**75** 13 (4) a und b sind ungerade Zahlen: $a = 2n + 1$ , $b = 2m + 1$
$a + b = 2n + 1 + 2m + 1 = 2(n + m + 1)$ ist eine gerade Zahl.
(5) a ist eine ungerade Zahl: $a = 2n + 1$
$a^2 - 1 = (2n + 1)^2 - 1 = 4n^2 + 4n + 1 - 1 = 4(n^2 + n)$ ist durch 4 teilbar.

**76** 14 *Sätze über Summen von natürliche Zahlen*
a) $n + (n + 1) + (n + 2) = 3n + 3 = 3(n + 1)$ ist durch 3 teilbar.
b) $n + (n + 1) + (n + 2) + (n + 3) = 4n + 6$ ist nicht durch 4 teilbar.
c) Schüleraktivität, z.B. bei 5 aufeinanderfolgenden Zahlen ist das erfüllt.

15 *Eine Behauptung*
Für den Beweis siehe Lösung zu Aufgabe 13 (5) von Seite 75.
Lars führt keinen Beweis, wenn er nur ein paar Beispiele ausprobiert. Kerstins Feststellung ist kein Widerspruch zu Meikes Behauptung: 0 ist durch 4 teilbar.

16 *Zauberzahl*
Die Vorgehensweise des Ausprobierens ist für einen Beweis nicht zielführend, da nur Beispiele angeführt werden. Übrigens: die Aussage stimmt nicht, da z.B. $\frac{5040}{11}$ kein ganzzahliges Ergebnis liefert (Gegenbeispiel).

17 *Ein Kalenderblatt*
Wenn man die Tabelle auf der Marginalie fortführt, kommt man schnell zu der Aussage:

| n | n + 1 | n + 2 |
|---|---|---|
| n + 7 | n + 8 | n + 9 |
| n + 14 | n + 15 | n + 16 |

18 *Ein Gewinnspiel*
Alle gesammelten Punktezahlen sind durch 3 teilbar. Die Summe zweier Zahlen, die durch 3 teilbar sind, ist auch durch drei teilbar.
Beweis: $a = 3n$; $b = 3m \Rightarrow a + b = 3n + 3m = 3(m + n)$ ist teilbar durch 3. Da 100 nicht durch 3 teilbar ist, die Summe jeder Kombination der vorliegenden Punktezahlen jedoch durch 3 teilbar ist, kann 100 nicht das Ergebnis sein.

## Kopfübungen
1. a) 0,2          b) 0,15
2. Wahr.
3. $p = 0,25$
4. 905 ml
5. $-0,5$
6. Weiße Bonbons: $\frac{15}{40} = 0,375 = 37,5\%$

   Rote Bonbons: $\frac{25}{40} = 0,625 = 62,5\%$
7. Zum Beispiel: $y = x + 5$

**77** 19 *Insekten*
Insekten sind: Marienkäfer, Schabe, Waldgrille, Menschenfloh, Ameise

20 *Was macht einen Schlunz zu einem Schlunz?*
„Schlunze" sind Figuren mit folgenden Eigenschaften:
■ Begrenzung hat keine Ecken.
■ Im Innern ist ein oranger Punkt.
■ Mindestens ein nach außen gerichteter „Kurvenpfeil".

**77** (21) *Spunk*
Schüleraktivität.

**78** (22) *Ein bekannter Satz mit vielen Beweisen*

| | Ameli | Chiara | Lilli | Louis | Noé |
|---|---|---|---|---|---|
| **Es wird gezeigt, dass die Aussage immer wahr ist.** | Nein | Nein | Nein | Nein | Ja |
| **Es wird gezeigt, dass die Aussage für einige Beispiele wahr ist.** | Ja | Ja | Ja | Ja | Ja |
| **Es wird gezeigt, warum die Aussage wahr ist.** | Nein | Ja | Ja | Nein | Ja |

## 3.2 Satz des Pythagoras

**79** (1) *Streckenlängen*
a) Die horizontalen und vertikalen Linien kann man direkt ablesen (1 Kästchen entspricht einer Längeneinheit). Die Diagonalen können mit dem aktuellen Wissenstand noch nicht berechnet werden.
$\overline{AB} = \overline{CD} = 4$, $\overline{BC} = \overline{DA} = 2$, $\overline{EF} = \overline{FG} = 3$, $\overline{EG} \approx 4{,}24$, $\overline{AC} \approx 4{,}47$, $\overline{HI} \approx 4{,}12$.
b) ■ Das schräge Quadrat hat den Flächeninhalt $4 \cdot \frac{a^2}{2} = 2a^2$.
  ■ Die Seitenlänge d des schrägen Quadrats entspricht der Diagonalen des Quadrates mit der Seitenlänge a und ist $\sqrt{2}a$ lang.
c) ■ Das schräge Quadrat hat den Flächeninhalt $4 \cdot \frac{ab}{2} + (a-b)^2 = a^2 + b^2$
  ■ Die Diagonale ist dann $\sqrt{a^2 + b^2}$ lang.
d) Schüleraktivität. Ergebnisse siehe a).
e) Schüleraktivität.

**80** (2) *Ein geometrisches Puzzle und das Entdecken eines schönen Zusammenhangs*
a) Der Flächeninhalt der gelben Restfläche beträgt $A = 49\,cm^2 - 4 \cdot 6\,cm^2 = 25\,cm^2$.
   Die Flächenformen der gelben Flächen: (1) und (3) sind aus Rechtecken zusammengesetzte Flächen, (2) sind zwei Quadrate und (4) ist ein Quadrat.
b) Da bei (4) der Flächeninhalt des gelben Quadrats $25\,cm^2$ groß ist, beträgt seine Seitenlänge $5\,cm$; die längste Seite der blauen Dreiecke ist also $5\,cm$ lang.
c) Term (I) entspricht der Summe der Flächeninhalte der beiden Quadrate aus Bild (2).
   Term (II) beschreibt den Flächeninhalt der gelben Restfläche von sowohl Bild (1) als auch Bild (3), denn in beiden Fällen lässt sie sich als (De)konstruktion einer „T-Figur" auffassen: In Bild (1) ergibt sie sich als Summe zweier Quadrate mit Seitenlänge a und der Fläche eines rechteckigen „Steges" mit Kantenlänge $a + b$ und $b - a$. Verschiebt man eines der Quadrate an den gegenüberliegenden unteren Teil des Steges, erhält man die gelbe Restfläche wie in Bild (3). Term (III) entspricht Bild (1): Der erste Summand bezieht sich auf die Fläche des Steges, der zweite auf die „Dachfläche" des T. Term (IV) entspricht der gelben Restfläche in Bild (4).
d) Da die gelben Flächeninhalte alle gleich sind, folgt mit Bild (2) und Bild (4), dass (I) = (IV), also $a^2 + b^2 = c^2$. Schreibt man die binomische Formel in (II) aus, erhält man direkt (I): $2\,ab + b^2 - 2\,ab + a^2 = a^2 + b^2$. Auch bei (III) liefert ausmultiplizieren (I).
e) In einem rechtwinkligen Dreieck ist die Summe der Quadrate der beiden Kathetenlängen gleich dem Quadrat der Hypotenusenlänge: $a^2 + b^2 = c^2$

**80** **3** *Archäologie und Mathematik*

a) Schüleraktivität. Sie erzeugen ein rechtwinkliges Dreieck, da sie Seiten mit 6, 8 und 10 gleichlangen Streckenabschnitten halten und $6^2 + 8^2 = 10^2$.

b) Bei 30 Abschnitten besteht eine weitere Möglichkeit der Einteilung in dem Tripel (5, 12, 13) und bei 12 in dem Tripel (3, 4, 5). Bei 40 gleichlangen Abschnitten auf der Schnur gibt es keine Möglichkeit die Seiten so einzuteilen, dass ein rechter Winkel entsteht.

**81** **4** *Formulierung mathematischer Sätze*

Wenn ein Dreieck rechtwinklig ist, dann ergibt die Summe der Kathetenquadrate gerade das Hypotenusenquadrat.

Wenn die Längen der Seiten a, b, c eines Dreiecks die Beziehung $a^2 + b^2 = c^2$ erfüllen, dann ist das Dreieck rechtwinklig.

**82** **5** *Länge gesucht*

a) $x = \sqrt{(0,7\,cm)^2 + (2,4\,cm)^2} = 2,5\,cm$

b) $x = \sqrt{(2\,a)^2 + a^2} = \sqrt{5 \cdot a^2} = a \cdot \sqrt{5}$

c) $x = \sqrt{(25\,cm)^2 - (15\,cm)^2} = 20\,cm$

d) $x = \sqrt{(13\,cm)^2 - (5\,cm)^2} = 12\,cm$

e) Die gesuchte Seite sei hier mit y bezeichnet und es ist $y = \sqrt{2x^2} = \sqrt{2}\,x$.

f) $x = \sqrt{(2,7\,cm)^2 + (1,5\,cm)^2} \approx 3,1\,cm$

g) $x = \sqrt{(3,5\,cm)^2 - (2\,cm)^2} \approx 2,9\,cm$

h) $x = \sqrt{(6\,cm)^2 - (4\,cm)^2} \approx 4,5\,cm$

**6** *Dreiecke aufspannen*

Ein rechtwinkliges Dreieck lässt sich mit einer Konstruktion wie im ersten und zweiten Beispiel aufspannen: Im ersten Fall ist $(6\,m)^2 + (8\,m)^2 = (10\,m)^2$, im zweiten gilt $(1,2\,m)^2 + (0,5\,m)^2 = (1,3\,m)^2$. Mit einer Wahl der Längen wie im dritten Beispiel lässt sich kein solches Verhältnis finden.

**7** *Kopfrechnen*

a) $A = x^2 = (13\,cm)^2 - (12\,cm)^2 = 25\,cm$.

b) $A = 3\,cm \cdot x\,cm = 3\,cm \cdot \sqrt{(8\,cm)^2 + (15\,cm)^2} = 3\,cm \cdot 17\,cm = 51\,cm$.

c) Bezeichne a die unbekannte Seite des großen Dreiecks. Es gilt $a = \sqrt{13^2 - 12^2} = 5$. Damit ergibt sich $c = \sqrt{a^2 - 4^2} = 3$.

d) Die gesuchte Länge x entspricht der Diagonalen eines Rechtecks von 15 cm Breite und Seitenlänge $\sqrt{25\,cm^2} + 15\,cm = 20\,cm$. Damit ist $x = \sqrt{(20\,cm)^2 + (15\,cm)^2} = 25\,cm$.

**8** *Tabelle vervollständigen*

| Kathete a | 5 cm | 6 cm | 1,5 cm | 15 cm | 7 cm | 16 cm |
|---|---|---|---|---|---|---|
| Kathete b | 12 cm | 8 cm | 3,6 cm | 8 cm | 24 cm | 12 cm |
| Hypotenuse c | 13 cm | 10 cm | 3, 9 cm | 17 cm | 25 cm | 20 cm |
| Flächeninhalt A | 30 cm² | 24 cm² | 2,7 cm² | 60 cm² | 84 cm² | 96 cm² |

Der Flächeninhalt eines rechtwinkligen Dreiecks ergibt sich hierbei immer aus $\frac{a \cdot b}{2}$.

**82** **9** *Pythagoras im Alltag*

(1) $1^2 + 0,65^2 = 1,4225$, $\sqrt{1,4225} \approx 1,1927$
Die Maße sind nicht exakt angegeben, sondern geringfügig gerundet.

(2) Die Seilbahn überwindet eine Höhe von $\sqrt{(1050\,\text{m})^2 - (820\,\text{m})^2} \approx 655,82\,\text{m}$.

(3) Die Höhe der Fichte belief sich vor dem Sturm auf
$h = 3,20 + \sqrt{16,75^2 + 3,20^2} = 3,20 + \sqrt{280,56 + 10,24} = 3,20 + \sqrt{290,8} \approx 20,25$

**83** **10** *Rechtwinklige Segel*

Nur die Segel unter (3) und (5) sind rechtwinklig, wie man mit dem Satz des Pythagoras leicht nachprüft:

(1) $\sqrt{3,32^2 + 4,32^2} \approx 5,45$; nicht rechtwinklig

(2) $\sqrt{3,55^2 + 4,25^2} \approx 5,54$; fast rechtwinklig

(3) $\sqrt{3,88^2 + 4,45^2} \approx 5,90$; rechtwinklig

(4) $\sqrt{3,25^2 + 5,25^2} \approx 6,17$; nicht rechtwinklig

(5) $\sqrt{4,38^2 + 5,50^2} \approx 7,03$; rechtwinklig

**11** *Etwas zum Staunen*

a) Schüleraktivität.

b) **Anmerkung zur 1. Auflage:** $h(x) = \sqrt{2x + x^2}$
Man teilt den Aufbau in zwei rechtwinklige Dreiecke. Dann kann man mithilfe des Satzes des Pythagoras die fehlende Strecke berechnen über:

$h(x) = \sqrt{\left(\frac{2 + 2x}{2}\right)^2 - 1^2} = \sqrt{x^2 + 2x}$

**12** *Die Abstandsformel*

a) Es gibt unendlich viele Punkte R, die mit den Punkten P und Q ein rechtwinkliges Dreieck bilden. Diese Punkte liegen auf dem Thales-Kreis über der Strecke $\overline{PQ}$. Am einfachsten ist es, den Punkt R zu wählen, der die gleiche x-Koordinate wie $Q(7|5)$ und die gleiche y-Koordinate wie $P(3|2)$ hat, also $R(7|2)$.
Die Länge d der Strecke $\overline{PQ}$ wird mit dem Satz von Pythagoras berechnet:
$d(\overline{PQ}) = \sqrt{(x_Q - x_R)^2 + (y_Q - y_R)^2} = \sqrt{(7 - 3) + (5 - 2)^2} = \sqrt{16 + 9} = 5$

b) Für $P = (-2|6)$, $Q = (3|-1)$ ist $R = (3|6)$ und damit
$\overline{PQ} = \sqrt{(3 - (-2))^2 + (-1 - 6)^2} = \sqrt{74} \approx 8,60$.

c) In den rechtwinkligen Dreiecken PQR ist die Strecke $\overline{PQ}$ jeweils die Hypotenuse, die gegenüber dem rechten Winkel bei R liegt. Die Strecken $\overline{PR}$ und $\overline{RQ}$ sind die Katheten in den rechtwinkligen Dreiecken. Der Satz von Pythagoras liefert die Formel.

**13** *Abstandsbestimmung*

a) $d(A, B) = \sqrt{(13 - 10)^2 + (16 - 20)^2} = 5$

b) $d(C, D) = \sqrt{(-7 - 8)^2 + (23 - 15)^2} = 17$

c) $d(E, F) = \sqrt{(7 - (-8))^2 + (3 - (-5))^2} = 17$

**14** *Berechnungen am Dreieck*

a) Der Umfang U des Dreiecks ergibt sich aus der Summe seiner Seitenlängen:
$U = \overline{AB} + \overline{BC} + \overline{CA}$.
Hierbei ist
$d(A, B) = \sqrt{100}$ LE $= 10$ LE, $d(B, C) = \sqrt{400}$ LE $= 20$ LE, $d(A, C) = \sqrt{500}$ LE $\approx 22,4$ LE
Damit ergibt sich der Umfang $U = 10$ LE $+ 20$ LE $+ 22,4$ LE $= 52,4$ LE.

**83**  **14** b) $\overline{PQ} = \sqrt{272} \approx 16,49$; $\overline{PR} = \sqrt{136} \approx 11,66$; $\overline{RQ} = \sqrt{136}$

Das Dreieck ist nicht gleichschenklig, aber gleichseitig, da $\overline{PR} = \overline{RQ}$. Außerdem ist $\overline{PR}^2 + \overline{RQ}^2 = \overline{PQ}^2$, also ist das Dreieck rechtwinklig.

**84**  **15** *Pythagoras mit CAS*

a) $a(b,c) = \sqrt{c^2 - b^2}$, $b(a,c) = \sqrt{c^2 - a^2}$

b) Schüleraktivität.

c) Schüleraktivität. Die Formeln der Katheten sind die gleichen, wenn man a und b austauscht, deswegen benötigt man da kein weiteres Makro.

**16** *Zwei Dreiecke*

a) Schüleraktivität.

b) (1) Mit Längeneinheit LE = 1 cm erhält man:

$a = 5$ cm; $b = 5$ cm; $c = \sqrt{50}$ cm $\approx 7,1$ cm

(2) $a = 5$ cm; $b = \sqrt{24,25}$ cm $\approx 4,9$ cm; $c = \sqrt{25,25}$ cm $\approx 5,03$ cm

$a^2 + b^2 = 49,25$ cm$^2 \neq 25,25$ cm$^2$

**17** *Abstände von Punkten*

a) Schüleraktivität.

b)

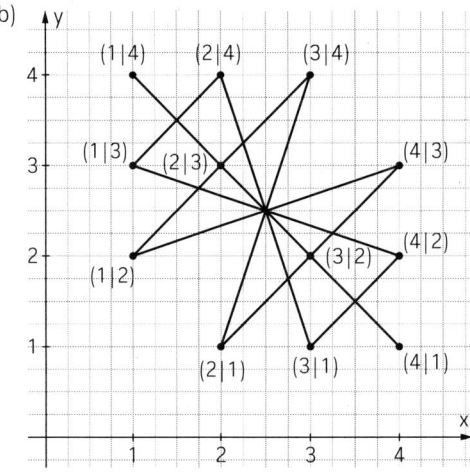

**85**  **18** *Kreise im Koordinatensystem*

a) $r = 5$ LE

b) $(4|3)$, $(5|0)$, $(4|-3)$, $(3|-4)$, $(0|-5)$, $(-3|-4)$, $(-4|-3)$, $(-5|0)$, $(-4|3)$, $(-3|4)$, $(0|5)$

Die Summe $x^2 + y^2$ ist stets 25, also das Quadrat des Radius.

c) $R(1|4,90)$ oder $R(1|-4,90)$

$S(4,58|2)$ oder $S(-4,58|2)$

$T(-2|4,58)$ oder $T(-2|-4,58)$

**19** *Kreise zeichnen im Koordinatensystem*

Aus der Skizze im Buch und dem Satz des Pythagoras ergibt sich die Kreisgleichung.

a) $M(0|0)$; $r = 4$ LE  b) $M(0|2)$; $r = 3$ LE  c) $M(1|0)$; $r = 3$ LE

d) $M(2|3)$; $r = 3,5$ LE  e) $M(1|-1,5)$; $r = 1,5$ LE  f) $M(-2|-2)$; $r = \sqrt{8}$ LE

**85**   **20**   *Die olympischen Ringe*

   a) blau: $(x + 9)^2 + (y - 5)^2 = 16$    gelb: $(x + 4,5)^2 + y^2 = 16$

      braun: $x^2 + (x - 5)^2 = 16$    grün: $(x - 4,5)^2 + y^2 = 16$

      rot: $(x - 9)^2 + (y - 5)^2 = 16$

   b) Es ist ein gleichschenkliges Dreieck mit Schenkeln der Länge $\sqrt{4,5^2 + 5^2} \approx 6,7$ und einer Grundseitenlänge von 9 LE.

## Kopfübungen

1. 4, 5, 6
2. $\frac{4 + 6}{2} \cdot 2,5 \cdot 5\, m^3 = 62,5\, m^3$
3. a) 19                 b) $-33$               c) 2
4. a) 1000 m           b) 3600 s          c) $\frac{5\, m}{18\, s}$
5. Bezeichne mit a die kürzere Seite. $U = 2a + 2 \cdot 10a = 22a$, $A = a \cdot 10a = 10a^2$
6. Quadratzahlen auf einem gewöhnlichen Spielwürfel sind 1 und 4.

    $150 \cdot \frac{2}{6} = 50$. Man kann 50 Quadratzahlen erwarten.

7. ...eine Gerade.

**86**   **21**   *Eine Klasse rechtwinkliger Dreiecke*

   a) Mithilfe des Satzes von Thales findet man solche Dreiecke am Thaleskreis.

   b)

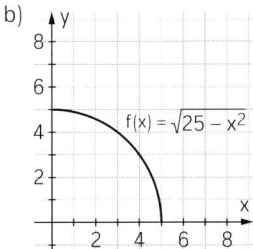

**22**   *Katheten und Hypotenusen dynamisch*

   a) Schüleraktivität.

   b) ■ (1) $k(c) = \sqrt{c^2 - 16}$, gehört zum grünen Graphen.

        (2) $h(b) = \sqrt{16 + b^2}$, gehört zum roten Graphen

        (3) $k_a(b) = \sqrt{25 - b^2}$, gehört zum blauen Graphen

    ■ Der blaue und der grüne Graph sind Umkehrungen zueinander. Die Gleichung zum blauen Graphen entspricht der Kreisgleichung, aufgelöst nach y mit einem Radius $r = 5$ und dem Mittelpunkt $(0\,|\,0)$.

    ■ Für große Werte von x werden die Hypotenuse und die längere Kathete nahezu gleichlang, da die kurze Kathete von 4 cm nicht mehr stark ins Gewicht fällt.

   c) Schüleraktivität.

**87**   **23**   *Pythagoreische Tripel finden*

   a) $(n + 1)^2 - n^2 = n^2 + 2n + 1 - n^2 = 2n + 1$

   b)

| 2n + 1 (Quadratzahl) | n | n + 1 | Pythagoreisches Tripel |
|---|---|---|---|
| $9 = 3^2$ | 4 | 5 | (3, 4, 5) |
| $25 = 5^2$ | 12 | 13 | (5, 12, 13) |
| $49 = 7^2$ | 24 | 25 | (7, 24, 25) |
| $81 = 9^2$ | 40 | 41 | (9, 40, 41) |
| $121 = 11^2$ | 60 | 61 | (11, 60, 61) |

## 3.3 Begründen und Variieren des Satzes des Pythagoras

**88**

**1** *Ein Zerlegungsbeweis für den Satz des Pythagoras*
a) Im linken Bild ist die Restfläche das Quadrat über der Hypotenuse des Dreiecks, rechts sieht man als Restfläche die beiden Quadrate über den Katheten. Da in beiden Fällen das große Quadrat und die vier Dreiecke gleich sind, sind die Restflächen inhaltsgleich.
b) Die Rechtwinkligkeit der Dreiecke ist erforderlich, um das große Quadrat entsprechend auslegen zu können.
c) Schüleraktivität. Siehe Basiswissen auf Seite 89.

**2** *Gelenkpuzzle zum Beweis des Satzes von Pythagoras*
Schüleraktivität. Fallen sollten auf jeden Fall die Begriffe Hypotenuse, Kathete, Kathetenquadrat, Hypotenusenabschnitt ...

**89**

**3** *Falten – Schneiden – Puzzeln*
Wenn das Dreieck nicht rechtwinklig ist, überlagern sich die roten Quadrate (spitzer Winkel) bzw. klaffen auseinander (stumpfer Winkel). Außerdem entstehen keine kongruenten „Abschnittfiguren".

**4** *Garfield-Beweis*
Die beiden gelben Dreiecke sind kongruent. $\Rightarrow \overline{AE} = a$ und $\overline{AD} = b$
Flächeninhalt des Trapezes ACDE: $A_T = \frac{1}{2}(a + b)(a + b) = \frac{1}{2}(a + b)^2$
Summe der Teilflächen: $A_S = 2 \cdot \left(\frac{1}{2}ab\right) + \frac{1}{2}c^2 = ab + \frac{1}{2}c^2$
$A_T = A_S \Rightarrow \frac{1}{2}(a + b)^2 = ab + \frac{1}{2}c^2 \Rightarrow a^2 + b^2 = c^2$

**5** *Ein Beweis im Parkett*
Schüleraktivität. Durch Zusammenlegen der Teilfiguren sieht man, dass das schrägliegende Quadrat genauso groß ist, wie das große und das kleine „gerade" Quadrat zusammen. Die Seitenlängen entsprechen den Dreiecksseiten (Kathetenquadrate und Hypotenusenquadrat).

**6** *Ein etwas anspruchsvollerer Beweis mit Dreiecken*
(1) $A_{EBC} + A_{ACD} = \frac{a^2}{2} + \frac{b^2}{2}$
(2) $A_{AED} + A_{EBD} = \frac{c \cdot \overline{FA}}{2} + \frac{c \cdot \overline{FB}}{2} = \frac{c \cdot (\overline{FA} + \overline{FB})}{2} = \frac{c^2}{2}$
(1) und (2) beschreiben den gleichen Flächeninhalt. Diese Gleichung mit 2 multipliziert liefert $a^2 + b^2 = c^2$.

**90**

**7** *Ein Beweis für die Umkehrung des Satzes des Pythagoras*
Angenommen, der Winkel bei C sei stumpf. Konstruiert man mit dem Thales-Kreis über der Grundseite c ein Dreieck ABC' mit rechtem Winkel bei C', welches ABC beinhaltet, so gilt b' > b und a' > a.
Daher ist $a^2 + b^2 < (a')^2 + (b')^2 = c^2$
Das ist ein Widerspruch zur Voraussetzung, also kann der Winkel bei C kein stumpfer Winkel sein.

**90** **8** *Wurzelspirale*

a) Schüleraktivität.

b) An eine Strecke der Länge $\sqrt{n}$ wird wie in der Abbildung im Schülerband ein rechtwinkliges Dreieck konstruiert, so dass die beiden Katheten die Längen $\sqrt{n}$ bzw. 1 haben. Für die Hypothenuse c gilt dann:

$c^2 = \left(\sqrt{n}\right)^2 + 1^2 = n + 1$, also $c = \sqrt{n+1}$

Diese Konstruktion kann für jedes beliebige $n \geq 1$ durchgeführt werden und führt jeweils von $\sqrt{n}$ zu $\sqrt{n+1}$.

c) (1) $\sqrt{3^2 + 2^2}$　　(2) $\sqrt{4^2 + 2^2 + 2^2}$　　(3) $\sqrt{3^2 + 3^2 + 2^2 + 1^2}$　(4) $\sqrt{5^2 + 4^2 + 1^2}$

**9** *Eine andere Spirale*

a) $D = A + C = A + (A + B) = A + (A + (A + A)) = 4A$

b) Die im Schülerband abgebildete Konstruktion wird um einen Schritt fortgesetzt.

**91** **10** *Spezialisieren*

In einem gleichschenkligen Dreieck mit Hypotenuse c sind die beiden Katheten a und b gleich lang, es gilt also $a = b$. Damit ist $a^2 + b^2 = 2a^2 = c^2$.

**11** *Variieren: Pythagoras mit Rechtecken*

a) ■ Ein Rechteck mit den Seitenlängen x und 2x hat den Flächeninhalt $A = 2x^2$.

Am rechtwinkligen Dreieck gilt dann: $A_a + A_b = 2a^2 + 2b^2 = 2(a^2 + b^2) = 2c^2 = A_c$

Der „Satz des Pythagoras mit Rechtecken" gilt in diesem Beispiel. Entsprechend kann man dies mit dem halben Flächeninhalt zeigen.

■ Ein Rechteck mit den Seitenlängen x und $(x + 2)$ hat den Flächeninhalt $A = x^2 + 2x$.

Am rechtwinkligen Dreieck gilt dann:

$A_a + A_b = a^2 \pm 2a + b^2 \pm 2b = (a^2 + b^2) \pm 2(a + b) = c^2 \pm 2(a + b) \neq A_c$

Der „Satz des Pythagoras mit Rechtecken" gilt in diesem Beispiel nicht.

b) Pia hat recht. Die Summe der Flächeninhalte zweier Rechtecke über den Katheten eines rechtwinkligen Dreiecks ist gleich dem Flächeninhalt eines Rechtecks über der Hypotenuse, wenn die drei Rechtecke einander ähnlich sind.

Beweis:

Rechtecke sind zueinander ähnlich, wenn entsprechende Seitenlängen im gleichen Verhältnis stehen, wenn also für die Seitenlängen x und y gilt: $x : y = k$.

Der Flächeninhalt ist dann $A = \frac{1}{k} \cdot x^2$.

Am rechtwinkligen Dreieck gilt dann: $A_a + A_b = \frac{1}{k}a^2 + \frac{1}{k}b^2 = \frac{1}{k}(a^2 + b^2) = \frac{1}{k}c^2 = A_c$

**92** **12** *Pythagoras mit Dreiecken*

Der Flächeninhalt A eines gleichseitigen Dreiecks mit Grundseite c und Höhe h beträgt $A = \frac{1}{2} \cdot h \cdot c$, wobei $h = \frac{\sqrt{3}}{2} \cdot c$ und damit $A = \frac{\sqrt{3}}{4} \cdot c^2$. Wie in Aufgabe 11 verändert sich der Satz des Pythagoras also nur um einen einheitlichen Faktor, der sich herauskürzen lässt. Dies gilt allgemein jedoch nur für Flächen, deren Inhalt lediglich von ihrer Grundseite (welche einer Dreiecksseite entspricht) abhängt. Bei gleichschenkligen Dreiecken ist dies nicht der Fall. Auch für Pythagorasfiguren mit einem rechtwinkligen Dreieck an den Seiten, kann man keine solche Aussage treffen.

**13** *Verallgemeinern*

Wenn $\gamma > 90°$, so gilt $a^2 + b^2 < c^2$.

Wenn $\gamma < 90°$, so gilt $a^2 + b^2 > c^2$.

**92** **14** *Veränderliche Dreiecke*

a) Schüleraktivität. Das neue Dreieck ist nicht wieder rechtwinklig.

b) In der Abbildung sieht man, dass der Satz des Pythagoras nur erfüllt ist, wenn die Verlängerung d 0 oder −4 ist. −4 ist keine sinnvolle Lösung, da die Seitenlängen dann zum Teil negativ werden und 0 ist keine Verlängerung. Daran erkennt man, dass für keine gleichmäßige Verlängerung der Seiten das Dreieck rechtwinklig bleibt.

Das gilt auch für beliebige Dreiecke:

$(a + d)^2 + (b + d)^2 - (c + d)^2 = a^2 + b^2 - c^2 + d^2 + 2d(a + b - c)$; weil $(a, b, c)$ rechwinklig ist, wird der erste Teil null, also bleibt als Rest $d^2 + 2d(a + b - c)$ und der wird null für $d = 0$ oder $d = -2(a + b - c)$.

c) Beim Vervielfachen der Seitenlängen bleibt das Dreieck rechtwinklig:

$(d \cdot a)^2 + (d \cdot b)^2 - (d \cdot c)^2 = d^2 \cdot (a^2 + b^2 - c^2) = 0$

d) Wenn man ein pythagoreisches Tripel mit einem beliebigen Faktor multipliziert, entsteht wieder ein pythagoreisches Tripel. Damit kann man unendlich viele solcher Tripel erzeugen.

## Kopfübungen

1. Es handelt sich um einen stumpfen Winkel.

2. a) $\sqrt{8 + \sqrt{2}} > 1$  b) $\sqrt{20} + \sqrt{5} > 5$

3. $-5 + (3 - 2x) = 4 \cdot (x - 1)$
$\Leftrightarrow -5 + 3 - 2x = 4x - 4$
$\Leftrightarrow \quad 2 = 6x \Leftrightarrow x = \frac{1}{3}$

4. $-5, -4, -3$

5. Alle in der Klasse vorkommenden Augenfarben müssen gleich oft vertreten sein, das heißt, wenn jede Gruppe von Schülern, die die gleiche Augenfarbe haben, aus n Mitgliedern besteht, liegt die Wahrscheinlichkeit für eine Augenfarbe bei $\frac{1}{n}$.

6. Die Oberfläche des Zeltes ist das Doppelte der Summe eines Dreiecks und eines Rechtecks. Das Dreieck hat einen Flächeninhalt von $\frac{6\,m \cdot 4\,m}{2} = 12\,m^2$; der Flächeninhalt des Rechtecks beläuft sich auf $6\,m \cdot 5\,m = 30\ m^2$. Der Oberflächeninhalt des Zeltes beträgt also $84\,m^2$.

7. Es ist $a(x) = -1 \cdot x + 0$ linear, $b(x) = \frac{1}{4} \cdot x + 0$ linear, $c(x) = x^2 + 2 \cdot x + 1$ nicht linear und $d(x) = 2 \cdot x - 2$ linear.

**93** **15** *Eine einfache Variation – ein schwieriges Problem*

a) $a = 3\,cm$, $b = 4\,cm \Rightarrow c = \sqrt[3]{91}\,cm \approx 4{,}50\,cm$

$a = 5\,cm$, $b = 12\,cm \Rightarrow c = \sqrt[3]{1853}\,cm \approx 12{,}28\,cm$

b) Hier kann man beliebige Werte für a und b wählen und wie in a) ein passendes c ausrechnen.

**16** *Gibt es überhaupt ganzzahlige Lösungen für die Gleichung $a^3 + b^3 = c^3$?*

In dieser Aufgabe geht es darum, ein bisschen zu experimentieren und damit den historischen Weg anzudeuten, der zu der Vermutung geführt hat, dass die Gleichung keine ganzzahlige Lösung hat.

Ein weiteres Beispiel für ein „knappes Ergebnis": $9^3 + 10^3 = 729 + 1000 = 1729 = 12^3 + 1$

## 3.4 Kathetensatz und Höhensatz

**94** **1** *Der Kathetensatz*

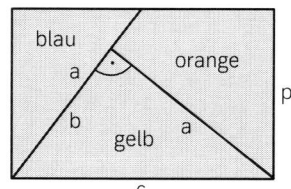

**2** *Einen weiteren Zusammenhang in rechtwinkligen Dreiecken entdecken*

a) **Anmerkung zur ersten Auflage: zu zeichnen ist die Strecke $\overline{AB} = 13\,\text{cm}$.**

| q | 2 cm | 4 cm | 6 cm | 8 cm | 10 cm | 12 cm |
|---|------|------|------|------|-------|-------|
| p | 11 cm | 9 cm | 7 cm | 5 cm | 3 cm | 1 cm |
| h | 4,69 cm | 6 cm | 6,48 cm | 6,33 cm | 5,47 cm | 3,47 cm |

Die hier zu entdeckende Formel ist der Höhensatz.

b) Schüleraktivität.

**95** **3** *Ein erster algebraischer Beweis des Kathetensatzes*

a)

| Beweisschritt | Begründung |
|---|---|
| (1) $b^2 = q^2 + h^2$ | Satz des Pythagoras im Dreieck ADC |
| (2) $a^2 = p^2 + h^2$ | Satz des Pythagoras im Dreieck DCB |
| (3) $a^2 - b^2 = p^2 - q^2 = (p+q)(p-q)$ | Subtrahiere (1) von (2) und wende dann die 3. binomische Formel an. |
| (4) $a^2 + b^2 = c^2 = (p+q)^2$ | Pythagoras im Dreieck ABC, Hypotenuse schreibt sich als Summe ihrer Abschnitte. |
| (5) $2a^2 = (p+q)(p-q) + (p+q)^2$ $= (p+q)[(p-q)+(p+q)]$ $= 2\,p\,c$ <br> Also $a^2 = p\,c$. | Addiere (4) zu (3), klammere dann $(p+q)$ aus; es ist $q - q = 0$ in der eckigen Klammer und damit ergibt sich das Gewünschte. |

b) Nur der Schritt (5) verläuft anders als in b): Subtrahiert man (3) von (4), ergibt sich mit einer analogen Argumentation $b^2 = q \cdot c$.

**96** **4** *Ein zweiter algebraischer Beweis des Kathetensatzes*

a) (1) Nach Pythagoras gilt : $b^2 = h^2 + q^2$

    (2) Ersetze $h^2$ durch $p \cdot q$ (Höhensatz)

    (3) $b^2 = (p \cdot q) + q^2$

    (4) $b^2 = q \cdot (q + p)$

    (5) Ersetze $(q + p)$ durch c

    (6) $b^2 = q \cdot c$

b) (1) Nach Pythagoras gilt: $a^2 = h^2 + p^2$

    (2) Ersetze $h^2$ durch $p \cdot q$ (Höhensatz)

    (3) $a^2 = (p \cdot q) + p^2$

    (4) $a^2 = p \cdot (q + p)$

    (5) Ersetze $(q + p)$ durch c

    (6) $a^2 = p \cdot c$

c) Man muss wissen, dass ABC rechtwinklig ist, dass die Höhe h senkrecht auf c steht und wie der Höhensatz und der Satz des Pythagoras lauten.

**96**  **5** Ein Beweis des Höhensatzes

a)

| Beweisschritt | Begründung |
|---|---|
| (1) $a^2 = p \cdot c$ | Kathetensatz |
| (2) $a^2 = h^2 + p^2$ | Satz des Pythagoras |
| (3) $p \cdot c = h^2 + p^2$ | Gleichsetzen von (1) und (2) |
| (4) $h^2 = p \cdot c - p^2$ | Umformen von (3) |
| (5) $h^2 = p(p + q) - p^2$ | Setze für $c = p + q$ ein |
| (6) $h^2 = p \cdot q$ | Ausmultiplizieren und zusammenfassen von (5) |

b)

| Beweisschritt | Begründung |
|---|---|
| (1) $h^2 = p \cdot q$ | Höhensatz |
| (2) $a^2 = h^2 + p^2$ | Satz des Pythagoras |
| (3) $a^2 = p \cdot q + p^2$ | Einsetzen von (1) in (2) |
| (4) $a^2 = p \cdot (c - p) + p^2$ | Setze für $q = c - p$ ein |
| (5) $a^2 = p \cdot c$ | Ausmultiplizieren und zusammenfassen von (4) |

c) Addieren der beiden Kathetensätze liefert: $a^2 + b^2 = p \cdot c + q \cdot c = (p + q) \cdot c = c^2$.

**6** Noch ein Beweis des Höhensatzes

a) (1) Satz des Pythagoras
   (2) 3. binomische Formel
   (3) $\overline{MA} = \overline{MB} = \overline{MC} = r$

b) Das Dreieck ABC ist rechtwinklig und es ist $\overline{MA} = \overline{MB} = \overline{MC} = r$. Mit dem Höhensatz gilt also $h^2 = p \cdot q = (r - d)(r + d) = r^2 - d^2$. Dies liefert umgeformt $r^2 = h^2 + d^2$, der Pythagoras für das Dreieck MDC mit der Hypotenuse r und den Katheten h und d.

**7** Entdecken der Zusammenhänge mit Ähnlichkeit

a) Die Dreiecke ABC, ADC und DCB sind ähnlich zueinander, denn ihre Innenwinkel sind gleich: Sei $\alpha$ der Winkel bei A, $\beta$ der bei B, $\gamma$ der bei C und sei $\gamma = \gamma_1 + \gamma_2$ mit $\gamma_2$ in DCB und $\gamma_1$ in ADC. Wegen der Winkelsumme im Dreieck ist $\alpha + \beta + \gamma = 180°$. Daraus folgt sofort $\alpha + \beta = 90°$ (1). In ADC gilt zudem $\alpha = 90° - \gamma_2$ (2) und in DBC $\beta = 90° - \gamma_1$ (3). Setzt man nun (2) in (1) ein, ergibt dies $\gamma_2 = \beta$ und (3) in (1) ergibt $\gamma_1 = \alpha$.

b) Es ist $\frac{c}{b} = \frac{b}{p}$, $\frac{c}{b} = \frac{a}{h}$, $\frac{b}{p} = \frac{a}{h}$, $\frac{c}{a} = \frac{b}{h}$, $\frac{c}{a} = \frac{a}{q}$, $\frac{b}{h} = \frac{a}{q}$, $\frac{b}{a} = \frac{p}{h}$, $\frac{b}{a} = \frac{h}{q}$, $\frac{p}{h} = \frac{h}{q}$. Daraus folgt durch Umformen $b^2 = c \cdot p$ und $a^2 = c \cdot q$ und genauso $h^2 = p \cdot q$.

**97**  **8** Fehlende Stücke bestimmen

a) Mit dem Höhensatz folgt: $h^2 = p \cdot q = 9 \cdot 4 = 36 \Rightarrow h = 6\,\text{cm}$
   Die Seiten a und b berechnet man mit den Kathetensätzen:
   $a^2 = p \cdot c = 9 \cdot (4 + 9) = 117 \Rightarrow a = \sqrt{117}\,\text{cm} \approx 10,8\,\text{cm}$
   $b^2 = q \cdot c = 4 \cdot 13 = 52 \Rightarrow b = \sqrt{52}\,\text{cm} \approx 7,2\,\text{cm}$

b) Mithilfe des Thaleskreis kann man das Dreieck eindeutig konstruieren. Man zeichnet den Halbkreis durch A und B, zeichnet eine Senkrechte durch den Punkt, der die Strecke $\overline{AB}$ in q und p unterteilt und der Schnittpunkt der Senkrechten mit dem Halbkreis ist der Punkt C.

**97**   **9**  *Viele unterschiedliche Bezeichnungen*

a)

| | Höhensatz | Kathetensatz | Kathetensatz | Pythagoras |
|---|---|---|---|---|
| (1) | $y^2 = x \cdot b$ | $a^2 = x \cdot (x + b)$ | $h^2 = b \cdot (x + b)$ | $a^2 + h^2 = (x + b)^2$ |
| (2) | $q^2 = i \cdot m$ | $k^2 = i \cdot (i + m)$ | $n^2 = m \cdot (i + m)$ | $k^2 + n^2 = (i + m)^2$ |
| (3) | $\overline{KW}^2 = \overline{LW} \cdot \overline{WM}$ | $\overline{KL}^2 = \overline{LW} \cdot \overline{LM}$ | $\overline{KM}^2 = \overline{MW} \cdot \overline{ML}$ | $\overline{KL}^2 + \overline{KM}^2 = \overline{LM}^2$ |

b) (1) $y = \sqrt{18}\,\text{cm} \approx 4{,}2\,\text{cm}$;  $a = \sqrt{27}\,\text{cm} \approx 5{,}2\,\text{cm}$;  $h = \sqrt{54}\,\text{cm} \approx 7{,}3\,\text{cm}$

(2) $m = \sqrt{42{,}75}\,\text{cm} \approx 6{,}5\,\text{cm}$;  $i \approx 0{,}96\,\text{cm}$;  $k \approx 2{,}68\,\text{cm}$

(3) $\overline{MK} = 5{,}0\,\text{cm}$;  $\overline{MW} \approx 1{,}92\,\text{cm}$;  $\overline{WL} \approx 11{,}08\,\text{cm}$;  $\overline{KW} \approx 4{,}62\,\text{cm}$

c)  Schüleraktivität.

**10**  *Ein Rechteck*
$x = 6\,\text{cm} \;\Rightarrow\; \overline{AB} = \sqrt{117}\,\text{cm} \approx 10{,}8\,\text{cm}$;  $\overline{BC} = \sqrt{52}\,\text{cm} \approx 7{,}2\,\text{cm}$

**11**  *Ein Halbkreis*
Entfernung vom Durchmesser:
A: $\sqrt{14}\,\text{cm} \approx 3{,}7\,\text{cm}$     B: $6{,}0\,\text{cm}$          C: $\sqrt{54}\,\text{cm} \approx 7{,}3\,\text{cm}$     D: $\sqrt{50}\,\text{cm} \approx 7{,}1\,\text{cm}$

**98**   **12**  *Ein Dach*
Höhe der Wand: $4{,}6\,\text{m}$; Länge der Panelen: $5{,}5\,\text{m}$ bzw. $8{,}4\,\text{m}$

**13**  *Ein Tunnel*
a) $h \approx 3{,}16\,\text{m}$;  der Lkw sollte nicht höher als $3\,\text{m}$ sein.
b) $h \approx 5{,}29\,\text{m}$;  der Sondertransporter sollte nicht höher als $5{,}10\,\text{m}$ sein.

**14**  *Ein Fenster*
Die Zwischenstreben sind außen rund $66\,\text{cm}$, innen rund $72\,\text{cm}$ hoch.

**15**  *Nützliche Formeln*
In dieser Aufgabe geht es darum, mithilfe des Satzes von Pythagoras Formeln abzuleiten, die man in Formelsammlungen findet. Neben des Übens vom Umgang mit dem Satz des Pythagoras führt dies auch zur Einsicht, dass Formeln nicht „vom Himmel fallen". Statt des Erstellens von Karteikarten lassen sich auch einzelne Aufgaben als Übung im Heft rechnen.

Diagonale im Rechteck: $d = \sqrt{a^2 + b^2}$

Raumdiagonale im Würfel: $d = a\sqrt{3}$

Raumdiagonale im Quader: $d = \sqrt{a^2 + b^2 + c^2}$

Flächeninhalt beim gleichseitigen Dreieck: $A = \frac{1}{4}a^2\sqrt{3}$

Flächeninhalt eines regelmäßigen Sechsecks: $A = \frac{3}{2}a^2\sqrt{3}$

**99**   **16**  *Konstruktion von Wurzeln mit Höhen- und Kathetensatz*

a) Die Zahl 6 wurde in die Faktoren 3 und 2 zerlegt. Dann wurde eine Strecke $\overline{AB}$ der Länge $3 + 2 = 5$ gezeichnet und der Teilungspunkt H markiert. Über $\overline{AB}$ wurde ein Halbkreis gezeichnet und durch H eine Senkrechte, die den Halbkreis in C schneidet. ABC ist ein rechtwinkliges Dreieck. In ABC gilt nach dem Höhensatz: $h^2 = p \cdot q$ Mit $p = 2$ und $q = 3$ gilt für die Höhe: $h^2 = 6$

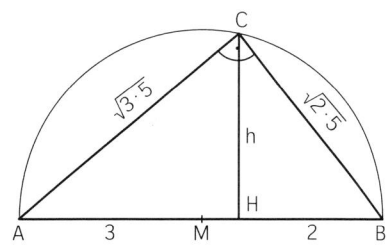

**99** **16** b) Verschiedene Möglichkeiten findet man durch die Zerlegung des Radikanden in Faktoren. Bei 12 gibt es mehrere Möglichkeiten, bei 11 nur die Möglichkeit $11 \cdot 1$, da 11 eine Primzahl ist.

c) Siehe die Abbildung zu Teilaufgabe a).

**17** *Verwandlung von Rechtecken in Quadrate und umgekehrt*

a) Schüleraktivität.

b) Die Gleichheit folgt jeweils mit dem Höhensatz.

c) Man kann 18 auf verschiedene Weisen in zwei Faktoren zerlegen.

## Kopfübungen

1. Ein Quadrat lässt sich bereits eindeutig konstruieren, wenn man die Länge einer Seite kennt.

2. $\ldots = \sqrt[3]{7 \cdot 2 \cdot 2 \cdot 2} = \sqrt[3]{7 \cdot 8} = 2 \cdot \sqrt[3]{7}$

3. Der Flächeninhalt des Ausgangsrechtecks beträgt $240\,m^2$. Dies soll dem Flächeninhalt des neues Rechtecks entsprechen, dessen eine Seite eine Länge von $16\,m$ haben soll. Dies liefert $240\,m^2 = 16\,m \cdot x$ und damit $x = 15\,m$.

4. Volumen = Grundfläche $\cdot$ Höhe.

5. Der Flächeninhalt des Rechtecks beträgt $8\,m^2$. Ein Quadrat gleichen Inhalts hat eine Seitenlänge von $\sqrt{8\,m^2} \approx 2{,}83\,m$, also etwa $3\,m$.

6. z.B. $-8, -\frac{15}{2}, -7, -\frac{13}{2}, -5$ mit Median $-7$

7. $y = 50\,x$

**100** **18** *Der Beweis des EUKLID zum Nachmachen*

(2) Die Höhe des Dreiecks ABE ist das Lot von B auf die Gerade AE und hat die gleiche Länge wie AC. ABE und ACE sind somit flächeninhaltsgleich.

(3) Die Drehung um A um 90° ist eine Kongruenzabbildung.

(4) Die Höhe von C auf die Gerade AF hat die gleiche Länge wie $\overline{AH}$.

## 3.5 Probleme lösen mit dem Satz des Pythagoras

**101** **1** *Schon wieder zugeparkt?*

Die Frage, ob Frau Sauer zugeparkt ist oder nicht, entscheidet sich daran, ob das Auto der Diagonale nach in die Parklücke passt: Die Diagonale d berechnet sich zu

$d = \sqrt{(4{,}8\,m)^2 + (1{,}8\,m)^2} \approx 5{,}13\,m$.

Die Parklücke hat eine Breite von $5{,}4\,m$. Frau Sauer ist demnach nicht zugeparkt.

**2** *Auf Umwegen zur Lösung*

a) Marion hat die Dreieckshöhe mithilfe des Satzes von Pythagoras berechnet, dann den zweiten Hypotenusenabschnitt mithilfe des Höhensatzes, danach die Länge x mithilfe des Satzes von Pythagoras.

b) (1) Pythagoras: $h = \sqrt{10^2 - 8^2}\,cm = 6\,cm$
Höhensatz: $6^2 = 8 \cdot x \Rightarrow x = 4{,}5\,cm$

(2) x ist Hypotenuse in einem rechtwinkligen Dreieck mit den Kathetenlängen $7\,cm$ und $5\,cm$.
Satz des Pythagoras: $x = \sqrt{74}\,cm \approx 8{,}6\,cm$

**103** ⎣ 3 ⎦ *Dachbalken*

a) Ohne Berücksichtigung des Überstandes bildet der Dachbalken die Hypotenuse des Dreiecks mit Kathetenlänge von 10 cm bzw. (6 – 3) cm. Die Gesamtlänge des Balkens ist also gegeben durch $\sqrt{(3\,m)^2 + (10\,m)^2} + 2 \cdot 0{,}5 \approx 11{,}44\,m$.

b) Die gegebene Höhe h des Daches entspricht der Höhe einer Pyramide mit rechteckiger Grundseite. Deren halbe Diagonale bildet zusammen mit h ein rechtwinkliges Dreieck, dessen Hypotenuse die gesuchte Länge eines Dachbalkens ohne Überstand ist. Ist die Diagonale bekannt, lässt sich also die Länge des gesuchten Balkens mit Pythagoras ermitteln. Die Diagonale der Grundseite hat eine Länge von $\sqrt{(9\,m)^2 + (8\,m)^2} \approx 12{,}04\,m$. Damit hat der Dachbalken eine Länge von $\sqrt{(0{,}5 \cdot 12{,}04)^2 + (5\,m)^2} + 0{,}5\,m \approx 8{,}33\,m$.

⎣ 4 ⎦ *Zelterneuerung*

a) Die Zeltseiten bestehen aus gleichschenkligen Dreiecken der Höhe h. Ein passender Reißverschluss sollte mindestens so lang sein wie h. Es ist $h = \sqrt{(1\,m)^2 + (2\,m)^2} \approx 2{,}24\,m$. Folglich wäre der Kauf eines Reißverschlusses von 2,3 m Länge sinnvoll.

b) Die Oberfläche O des Zeltes setzt sich aus dem Inhalt von vier gleichschenkligen Dreiecken zusammen, von denen zwei eine Grundseite von 3 m und zwei eine von 2 m Länge haben. Die Höhe des Dreiecks mit Grundseite von 2 m ist bereits aus Teil a) bekannt. Analog berechnet sich auch die Höhe des Dreiecks mit Grundseite von 3 m. Es ist also $O = 2 \cdot 0{,}5 \cdot 3\,m \cdot \sqrt{5}\,m + 2 \cdot 0{,}5 \cdot 2\,m \cdot \sqrt{(1{,}5\,m)^2 + (2\,m)^2} \approx 11{,}71\,m^2$. Folglich werden also ungefähr 3 Dosen Imprägnierspray benötigt.

**104** ⎣ 5 ⎦ *Gleichschenklige Trapeze*

a) $x = \sqrt{(0{,}5 \cdot (7\,cm - 4\,cm))^2 + (2\,cm)^2} = 2{,}5\,cm$

b) $x = \sqrt{(6 + 0{,}5 \cdot (8 - 6))^2\,cm^2 + (4\,cm)^2} \approx 8{,}06\,cm$

⎣ 6 ⎦ *Einbeschriebenes Quadrat*

Der Radius des Kreises entspricht der Hälfte der Diagonalen des Quadrats mit Seitenlänge s. Zwei benachbarte Winkelhalbierende bilden im Quadrat zusammen mit s ein rechtwinkliges Dreieck mit Hypotenuse s. Damit ergibt sich $s = \sqrt{(6\,cm)^2 + (6\,cm)^2} \approx 8{,}49\,cm$.

⎣ 7 ⎦ *Tangram*

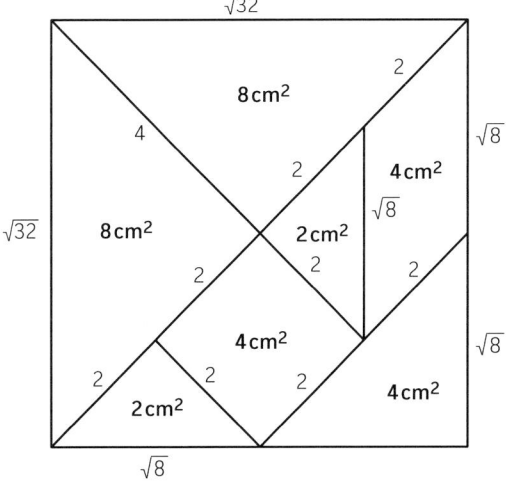

Alle Seitenlängen sind in cm.

**104**  **8** *Aus einem amerikanischen Schulbuch I*

Sally fährt mit ihrem Motorrad ein rechtwinkliges Dreieck ab, dessen Hypotenuse c zu ermitteln ist. Die Länge der Katheten a und b ist gegeben durch $a = 60\frac{km}{h} \cdot 2\,h = 120\,km$ bzw. $b = 45\frac{km}{h} \cdot 2\,h = 90\,km$. Damit ergibt sich $c = \sqrt{(120\,km)^2 + (90\,km)^2} = 150\,km$. Die gesamte zu fahrende Strecke beläuft sich also auf 360 km. Folglich wird Sally mit ihrer Tankfüllung das Ziel nur bis auf einen Radius von 10 km erreichen. Durch langsameres Fahren könnte sie ihren Spritverbrauch von vornherein so geschickt reduzieren, dass sie die gesamte Strecke bewältigen kann.

**9** *Aus einem amerikanischen Schulbuch II*

Verbindet man die Enden jeweils benachbarter Propellerblätter, erhält man ein Quadrat, dessen Diagonalen gerade die Propellerblätter sind. Laut Aufgabe hat das Quadrat eine Seitenlänge von 36 Fuß. Bezeichnet man die halbe Diagonale des Quadrats mit x, so gilt $2 \cdot x^2 = (36\,ft)^2$ und damit $x \approx 25{,}464\,ft$.

Dies entspricht einer Länge von $2 \cdot x \approx 15{,}52\,m$ pro Propellerblatt.

**105**  **10** *Wie funktioniert das Echolot?*

Mit einer Geschwindigkeit von $1510\frac{m}{s}$ legt der Schall in 0,5 s eine Distanz von 755 m zurück. Laut Skizze im Buch gilt damit $x = \sqrt{\left(\frac{755}{2}\,m\right)^2 - \left(\frac{18}{2}\,m\right)^2} \approx 377{,}39\,m$.

**11** *Straßensteigungen*

a) Es ist $\frac{h}{a} = \frac{9}{100}$. Außerdem gilt $a^2 + h^2 = (7\,km)^2$. Teilt man beide Seiten der Gleichung durch $a^2$, erhält man $1 + \frac{9}{100} = \frac{49\,km^2}{a^2}$ und somit $a \approx 6{,}70\,km$.

Dies liefert sofort $h \approx 2{,}03\,km$.

b) Es ist $\frac{6}{100} = \frac{h}{a} = \frac{h}{12\,km}$, also $h = 0{,}72\,km$.

Die Länge der Strecke beträgt also $\sqrt{(12\,km)^2 + (0{,}72\,km)^2} \approx 12{,}02\,km$.

**12** *Behindertenrampen*

a) Die Horizontale a hat eine Länge von $a = \sqrt{(600\,cm)^2 - (62\,cm)^2} \approx 596{,}79\,cm$. Damit beträgt die Steigung der Rampe $\frac{62\,cm}{596{,}79\,cm} \approx 0{,}1 = 10\,\%$, was nicht den Vorgaben entspricht.

b) Es ist $0{,}06 = \frac{h}{a} = \frac{1{,}2\,m}{a}$, also $a = 20\,m$. Damit ergibt sich die Länge l der Rampe:

$l = \sqrt{a^2 + h^2} = \sqrt{(20\,m)^2 + (1{,}2\,m)^2} \approx 20{,}04\,m$.

c) Wegen Pythagoras gilt $a^2 + h^2 = l^2$ und weiter $1 + \frac{h^2}{a^2} = \frac{l^2}{a^2}$.

Setzt man in diese Gleichung die Steigung $\frac{h}{a} = 0{,}06$ und außerdem $a = \frac{h}{0{,}06}$ ein, erhält man $l^2 = 1{,}0036 \cdot a^2 = \frac{1{,}0036 \cdot h^2}{0{,}06^2}$. Somit lautet die allgemeine Formel für die Mindestlänge l der Rampe in Abhängigkeit von der Höhe h: $l(h) \approx \sqrt{278{,}78 \cdot h}$.

d) Schüleraktivität.

**105** 13 *Der Weg nach Simonskall*

a)

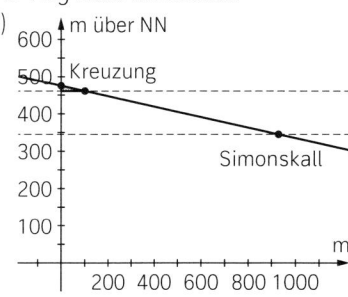

b) Der überwundene Höhenunterschied ist h = −130 m.

Für die Steigung gilt: $-0,14 = \frac{h}{a} = \frac{-130\,m}{a}$, also ist a = 928,6 m.

Also hätte die Straße eine Länge $l = \sqrt{a^2 + h^2} = 937,66\,m$.

c) In Wirklichkeit ist die Strecke sehr viel länger. Die Angabe des Gefälles bezieht sich also nicht auf die ganze Strecke, sondern gibt das maximale Gefälle auf einem Teilstück der Straße an.

14 *Die große Olympiasprungschanze in Garmisch-Partenkirchen*
Hier ist nur eine zeichnerische Lösung möglich:
Nach Konstruktion und einer anschließenden Messung ergibt
sich eine Turmhöhe von mindestens 59,4 m.

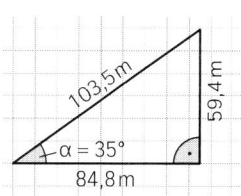

**106** 15 *Aus einer Wanderkarte*
Zwischen zwei Höhenlinien liegt ein Höhenunterschied von 50 m. Der blau gezeichnete Weg schneidet 11 Höhenlinien; er überwindet also einen Höhenunterschied von rund 550 m.
Seine Länge in der Zeichnung ist etwa 40 mm, das sind in Wirklichkeit 1200 m (horizontale Entfernung zwischen Anfangs- und Endpunkt).
Durchschnittliche Steigung: etwa 46 %
Tatsächliche Weglänge: etwa 1320 m

16 *Kantenmodelle*
Bei einer quadratischen Grundfläche von 49 cm² hat jede Pyramide eine Grundseite von
7 cm. Die Diagonale d der Grundfläche berechnet sich zu $d = \sqrt{2 \cdot (7\,cm)^2} \approx 9,90\,cm$.
Mit der Höhe h der Pyramide bildet die Hälfte dieser Diagonalen nun ein rechtwinkliges
Dreieck, dessen Hypotenuse gerade eine Schrägkante k der Pyramide ist, und es gilt
folglich $k = \sqrt{\left(\frac{d}{2}\right)^2 + h^2} \approx \sqrt{(4,95\,cm)^2 + h^2}$. Unter Berücksichtigung des Umfangs der quadratischen Grundfläche von $4 \cdot 7\,cm = 28\,cm$ ergibt sich die benötigte Gesamtlänge l des
Drahtes mit der allgemeinen Formel $l(h) = 28\,cm + 4 \cdot \sqrt{(4,95\,cm)^2 + h^2}$. Man findet also
$l(4\,cm) \approx 53,46\,cm$ sowie $l(20\,cm) \approx 110,41\,cm$.

**106**  **17** *Holzarbeiten*

Da der hergestellte Balken eine mit seiner Länge konstante quadratische Querschnittsfläche haben soll, ist der kleinste Durchmesser des Baumstammes entscheidend. Die Seitenlänge s der Querschnittsfläche ergibt sich zu $s = \sqrt{2 \cdot \left(\frac{52}{2}\right)^2} \, cm^2 \approx 36,77\,cm$. Das Volumen B des gefertigten Balkens beträgt demnach $V_B = (36,77\,cm)^2 \cdot 1100\,cm = 1,49\,m^3$.

Der Baumstamm ist, geometrisch gesehen, ein Kegelstumpf.
Sein Volumen ist:

$V_K = \frac{\pi}{3} h \left(r_2^2 + r_2 r_1 + r_1^2\right) = \frac{\pi}{3} \cdot 1100 \cdot \left(30^2 + 30 \cdot 26 + 26^2\right) = 2,714 \cdot 10^6 \, cm^3 = 2,7\,m^3$

Damit beträgt das Brennholzvolumen $V_B - V_K = 1,21\,cm^3$.

**18** *Ballonfahrt*

a)

| Höhe in km | Sichtweite in km |
|---|---|
| Augenhöhe 0,0016 | 4,51 |
| Burgturm 0,03 | 19,55 |
| Fernsehturm 0,370 | 68,66 |
| Ballon 0,12 | 39,1 |
| Flugzeug 3,5 | 211,16 |
| Satellit GEO 35 700 | 21 326,46 |

b) $s^2 + 6370^2 = (h + 6370)^2$
Durch Umformung erhält man die exakte Formel.
$h^2$ ist gegenüber $12\,740\,h$ so klein, dass es vernachlässigt werden kann. Selbst bei z. B. einer Höhe von 36 km weicht die Faustformel ($\approx 677,23\,km$, exakt: 678,19 km) um weniger als 1 km (rund 0,14 %) ab.

c) Der Junge geht in seiner Behauptung davon aus, dass die Sichtweite eine mit der Höhe lineare Größe ist. Laut b) ist dies nicht der Fall und seine Aussage ist demnach falsch.

**107**  **19** *Telefonkabel*

Das Kabel misst verlegt wie in der Abbildung $(52 + 105 + 60)\,m = 217\,m$.
Legt man es direkt von A nach D, so ist dafür eine Distanz von $\sqrt{(52\,m)^2 + (165\,m)^2} = 173\,m$ zu überwinden. Dies spart 44 m Kabel ein.

**20** *Straßenbau*

a) Für die rote Strecke ergibt sich eine Länge von
$\sqrt{(5\,km)^2 + (3\,km)^2} + \sqrt{(6\,km)^2 + (8\,km)^2} \approx 15,83\,km$, für die schwarze Strecke eine Länge von $\sqrt{(7\,km)^2 + (5\,km)^2} + \sqrt{(6\,km)^2 + (4\,km)^2} \approx 15,81\,km$. Auf der roten Strecke würde man demnach gegenüber der schwarzen Strecke einen vernachlässigbar kleinen Umweg fahren.

b) Die kürzeste Verbindung wäre die Strecke direkt von A nach B; diese hätte eine Länge von $\sqrt{(5\,km + 6\,km)^2 + (11\,km)^2} \approx 15,56\,km$

**107** **21** *Berechnungen von Größen in geometrischen Figuren*

  a) $h = \sqrt{4^2 - 2^2} \approx 3,46$

  b) U hat einen Umfang von $U = \sqrt{5^2 + 1,5^2} + \sqrt{3^2 + 2,5^2} + \sqrt{2,5^2 + 1,5^2} = 12,041$.

  c) $s - \sqrt{2^2 + 5^2} \approx 5,39$, $e = \sqrt{8^2 + 5^2} \approx 9,43$.

  d) Die Diagonale l der quadratischen Grundfläche ist gegeben durch $l = \sqrt{3^2 + 3^2} \approx 4,24$.

   Damit ist $d = \sqrt{l^2 + 3^2} \approx 5,20$.

  e) Die Diagonale d der quadratischen Grundfläche ist gegeben durch $d = \sqrt{4^2 + 4^2}$.

   Damit ist $s = \sqrt{\left(\frac{d}{2}\right)^2 + 3^2} \approx 4,12$ und $h = \sqrt{s^2 - 2^2} \approx 3,61$.

  f) Das einbeschriebene gleichmäßige Sechseck hat eine Seitenlänge s von
   $s = \sqrt{2,5^2 + 2,5^2} \approx 3,54$, sein Umfang beträgt demnach ungefähr 21,21 LE.

**Kopfübungen**

1. $-0,025$
2. ... vier gleich langen Seiten.
3. $(m + 1) \cdot (m - 1) = m^2 - 1 = 9999$, also $m - 100$ oder $m = -100$.
4. Die Geraden schneiden sich. Wenn sie parallel wären, würden die Stufenwinkel übereinstimmen.
5. $\frac{4}{7} = \frac{8}{14}$ und $\frac{5}{7} = \frac{10}{14}$; dazwischen liegt also $\frac{9}{14}$.
6. Per Baumdiagramm sieht man, dass die Wahrscheinlichkeit, mindestens ein Fleischgericht zu bekommen, bei $\frac{1}{3}$ liegt.
7. Mit der Funktionsgleichung $y(x) = -2x - 1$ ergeben sich folgende Werte:

| x | −2 | −1 | 0 | 1 | 2 |
|---|----|----|---|---|---|
| y | 5 | 3 | −1 | −3 | −5 |

**108** **22** *Dreidimensionale Koordinatensysteme*

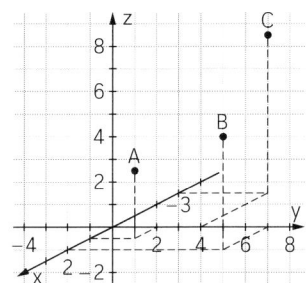

**23** *Abstand zum Ursprung*

  a) Zunächst berechnet man die grüne Strecke mit Pythagoras angewandt auf das rot ausgefüllte Dreieck durch $\sqrt{x_1^2 + y_1^2}$. Damit berechnet man dann die blaue Strecke, also den Abstand, mit Pythagoras angewandt auf das blau ausgefüllte Dreieck:
   $$d = \sqrt{\sqrt{x_1^2 + y_1^2}^2 + z_1^2} = \sqrt{x_1^2 + y_1^2 + z_1^2}.$$

  b) Mit $A = (1|2|3)$, $B = (2|7|5)$, $C = (-3|4|7)$ findet man $d_A = \sqrt{1^2 + 2^2 + 3^2} = 3,74$,
   $d_B = \sqrt{2^2 + 7^2 + 5^2} = 8,83$, $d_C = \sqrt{(-3)^2 + 4^2 + 7^2} = 8,6$.
   Punkt C ist also am weitesten vom Ursprung entfernt.

**108** **23** c) $d = \sqrt{3^2 + 4^2 + 5^2} = 7{,}07$

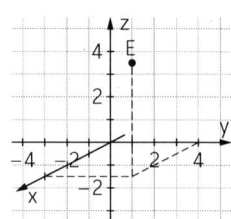

**24** *Abstand zwischen Punkten*

a) Den Abstand d zweier Punkte $P(x_1, y_1, z_1)$ und $Q(x_2, y_2, z_2)$ im dreidimensionalen Raum bestimmt man mit der gleichen Argumentation wie in Aufgabe 23a) über
$$d = \sqrt{(x_2 - x_1)^2 + (y_2 - y_1)^2 + (z_2 - z_1)^2}\,.$$

b) $\overline{AB} = \sqrt{(2-1)^2 + (7-2)^2 + (5-3)^2} \approx 5{,}48$
$\overline{AC} = \sqrt{(-3-1)^2 + (4-2)^2 + (7-3)^2} = 6$
$\overline{BC} = \sqrt{(2-(-3))^2 + (7-4)^2 + (5-7)^2} \approx 6{,}16$

c)

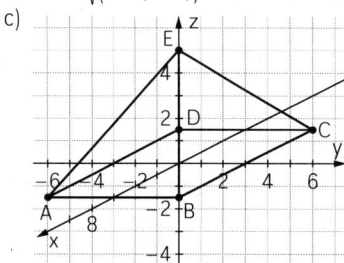

Es ist $\overline{AB} = \overline{BC} = \overline{CD} = \overline{DA} = \sqrt{36} = 6$.

Außerdem gilt für die Länge der Diagonalen d der quadratischen Grundfläche
$$d = \sqrt{(3-(-3))^2 + (-3-3)^2 + (0)^2} \approx 8{,}49\,\text{cm}.$$ Die Höhe der Pyramide beträgt 5 LE, wie

sofort ersichtlich ist. Damit beträgt die Kantenlänge $s = \sqrt{\left(\dfrac{d}{2}\right)^2 + (5\,\text{cm})^2} \approx 36{,}35\,\text{cm}.$

**25** *Positionen von Flugzeugen*

Der Abstand der beiden gegebenen Punkte beträgt
$$\sqrt{(17-24)^2\,\text{km}^2 + (14-17)^2\,\text{km}^2 + (8-9)^2\,\text{km}^2} \approx 7{,}68\,\text{km}.$$
Das Flugzeug fliegt demnach mit einer Geschwindigkeit von $\dfrac{7{,}68\,\text{km}}{0{,}017\,\text{h}} \approx 451{,}76\,\dfrac{\text{km}}{\text{h}}.$

**109**

**26** *„Fliegen oder Laufen"*

Zunächst berechnet man den rot gepunkteten Weg. Dabei geht man davon aus, dass die Fliege genau in der Mitte der Vorderseite sitzt. Bis zur linken oberen Ecke krabbelt die Fliege also die Hälfte der Diagonale des vorderen Quadrats

$\frac{1}{2} \cdot \sqrt{50^2 + 50^2}\,\text{cm} = 35{,}36\,\text{cm}$.

Insgesamt ist dieser Weg dann $50\,\text{cm} + 35{,}36\,\text{cm} = 85{,}36\,\text{cm}$ lang. Die Flugbahn kann man dann als Hypotenuse des Dreiecks, das als Katheten die beiden Abschnitte des rot gepunkteten Wegs hat, ansehen. Also rechnet man mit dem Satz des Pythagoras:

$\sqrt{50^2 + 35{,}36^2}\,\text{cm} = 61{,}24\,\text{cm}$.

Den kürzesten Krabbelweg erhält man, indem man das Würfelnetz aufzeichnet (in nebenstehender Zeichnung sind nur die beiden relevanten Seiten des Netzes aufgezeichnet). Dann ist die kürzeste Strecke zwischen der Fliege und der Spinne die Hypotenuse eines Dreiecks mit den Katheten $25\,\text{cm}$ und $75\,\text{cm}$. Man berechnet:  $\sqrt{75^2 + 25^2}\,\text{cm} = 79{,}06\,\text{cm}$.

**27** *„Abkürzung"*

a) Ein Spaziergänger startet ausgehend vom Punkt unten links. Wählt er dann die Abkürzung $A_1B_1$, spart er am meisten Wegstrecke ein, denn verglichen mit den anderen möglichen Schrägwegen geht er den kleinsten Teil der Gesamtstrecke auf dem vorgegebenen Parkweg.

b) Die Strecke $\overline{A_1K}$ ist $14\,\text{m}$ lang. Nimmt der Spaziergänger den offiziellen Weg, so geht er zwischen $A_1$ und $B_1$  $14\,\text{m} + 14\,\text{m} = 28\,\text{m}$.

Die einzelnen Abkürzungen ergeben folgende Längen: $\overline{A_1B_1} = \sqrt{14^2 + 14^2}\,\text{m} = 19{,}8\,\text{m}$,

prozentuale Ersparnis: $\dfrac{28 - 19{,}8}{28} \approx 0{,}293 = 29{,}3\,\%$

$4\,\text{m} + \overline{A_2B_1} = 4\,\text{m} + \sqrt{10^2 + 14^2}\,\text{m} = 21{,}2\,\text{m}$

prozentuale Ersparnis: $\dfrac{28 - 21{,}2}{28} \approx 0{,}243 = 24{,}3\,\%$

$4\,\text{m} + \overline{A_2B_2} + 4\,\text{m} = 8\,\text{m} + \sqrt{10^2 + 10^2}\,\text{m} = 22{,}1\,\text{m}$,

prozentuale Ersparnis: $\dfrac{28 - 22{,}1}{28} \approx 0{,}211 = 21{,}1\,\%$

$4\,\text{m} + \overline{A_2B_3} + 10\,\text{m} = 14\,\text{m} + \sqrt{10^2 + 4^2}\,\text{m} = 24{,}8\,\text{m}$,

prozentuale Ersparnis: $\dfrac{28 - 24{,}8}{28} \approx 0{,}114 = 11{,}4\,\%$

Die Vermutung aus a) lässt sich also rechnerisch bestätigen.

**28** *Spitzbogen*

a) Die Gleichung erhält man mithilfe des Satzes von Pythagoras aus dem eingezeichneten Dreieck; dieses Dreieck ist rechtwinklig, da die Strecke von C auf $\overline{AB}$ die Mittelsenkrechte von $\overline{AB}$ ist.

$\Rightarrow r = \frac{3}{8}a$

b)

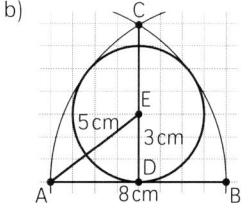

# Kapitel 4
# Vierfeldertafeln und Baumdiagramme

## Didaktische Hinweise

Im Mittelpunkt des Abschnitts **4.1** *Rückschlüsse aus Vierfeldertafeln und Baumdiagrammen* steht die übersichtliche Darstellung und Interpretation komplexer Informationen, die dann gegeben sind, wenn in einer Erhebung oder in einem Zufallsversuch mehrere Merkmale (z. B. Geschlecht/Alter) gleichzeitig betrachtet werden. Die aus derartigen Situationen entstehenden Fragestellungen sind von hoher praktischer Bedeutung, geben aber auch häufig Anlass zu Fehlschlüssen.

Schon aus früheren Schuljahren sind die Baumdiagramme als Darstellungsform bekannt, an die die Aufgabe 1 im Kontext eines einfachen Urnenexperimentes erinnert. In Aufgabe 3 wird die Vierfel-dertafel als weitere Darstellungsform vorgestellt. Diese beiden Formen werden im Folgenden häufig parallel behandelt, und je nach Situation und Fragestellung schafft die eine oder die andere die bessere Übersicht. Eine der Altersstufe nicht angemessene Formalisierung (bedingte Wahrschein-lichkeit, Bayes'sche Formel) wird mit der Visualisierung in Baumdiagrammen und der Nutzung von Vierfeldertafeln vermieden.

Die Aufgaben in diesem Abschnitt beziehen sich auf relevante Anwendungssituationen: Kriminalfall, Bevölkerungsstatistiken, Wahltag, Berufseignungstests… In der zweiten grünen Ebene werden mit der medizinischen Diagnose und dem bekannten „Ziegenproblem" interessante Themenkomplexe angesprochen, die sich gut für Projekte eignen, zumal hierfür in der didaktischen Literatur und im Internet viele weitere Quellen bereitstehen.

Im zweiten Lernabschnitt dieses Kapitels werden verständnisfördernde Problemstellungen aus den Anfängen der Wahrscheinlichkeitsrechnung behandelt. Damit können in einem sinnstiftenden Kon-text die Begriffe und Verfahren der Stochastik aus den Schuljahren 5 – 8 wiederholt und gefestigt werden. Den Abschluss dieses Lernabschnitts bildet ein Projekt, in dem das „Geburtstagsproblem" über Schätzen, Experimentieren und Simulieren und Anwenden der Pfadregel aktiv erschlossen und in einer eigenständigen Präsentation zusammengefasst wird.

## Lösungen

## 4.1 Rückschlüsse aus Vierfeldertafeln und Baumdiagrammen

**118**  **1** *Baumdiagramme*

a)

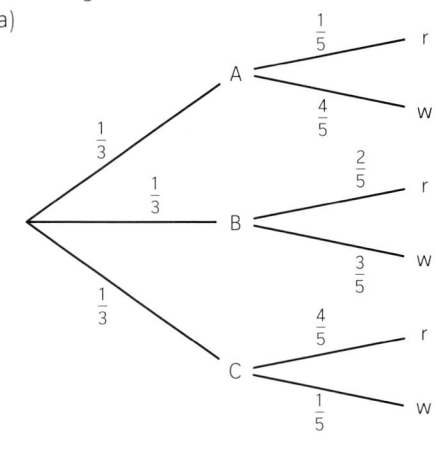

$$\frac{1}{3} \cdot \frac{1}{5} = \frac{1}{15}$$

$$\frac{1}{3} \cdot \frac{4}{5} = \frac{4}{15}$$

$$\frac{1}{3} \cdot \frac{2}{5} = \frac{2}{15}$$

$$\frac{1}{3} \cdot \frac{3}{5} = \frac{3}{15}$$

$$\frac{1}{3} \cdot \frac{4}{5} = \frac{4}{15}$$

$$\frac{1}{3} \cdot \frac{1}{5} = \frac{1}{15}$$

$$P(\text{rot}) = \frac{7}{15} \approx 0{,}467$$

$$P(\text{weiß}) = \frac{8}{15} \approx 0{,}533$$

b) $P(\text{rot, rot}) = \frac{1}{15} \cdot \frac{1}{5} + \frac{2}{15} \cdot \frac{2}{5} + \frac{4}{15} \cdot \frac{4}{5} = \frac{21}{75} = 0{,}28$

$P(\text{rot, weiß oder weiß, rot}) = \frac{28}{75} \approx 0{,}373$

$P(\text{weiß, weiß}) = \frac{26}{75} \approx 0{,}347$

c) Bei a) und b) war die Wahrscheinlichkeit für die Auswahl der Urne in jedem Fall $\frac{1}{3}$, weil das Glücksrad gleich große Sektoren für A, B und C hatte. Das ändert sich jetzt. Die Wahrscheinlichkeit für Urne A ist jetzt $\frac{1}{2}$, für Urne B $\frac{1}{3}$ und für Urne C $\frac{1}{6}$.

Neue Werte für a): $P(\text{rot}) = \frac{1}{2} \cdot \frac{1}{5} + \frac{1}{3} \cdot \frac{2}{5} + \frac{1}{6} \cdot \frac{4}{5} = \frac{11}{30} \approx 0{,}367$

$P(\text{weiß}) = \frac{1}{2} \cdot \frac{4}{5} + \frac{1}{3} \cdot \frac{3}{5} + \frac{1}{6} \cdot \frac{1}{5} = \frac{10}{30} \approx 0{,}633$

Neue Werte für b): $P(\text{rot, rot}) = \frac{1}{10} \cdot \frac{1}{5} + \frac{2}{15} \cdot \frac{2}{5} + \frac{4}{30} \cdot \frac{4}{5} = = \frac{9}{50} = 0{,}18$

$P(\text{rot, weiß oder weiß, rot}) = \frac{28}{75} \approx 0{,}373$

$P(\text{weiß, weiß}) = \frac{67}{150} \approx 0{,}447$

**119**  **2** *Mädchen, Jungen und Musikinstrumente*
Schüleraktivität. Die Aussage kann stimmen.

**3** *Sportverein*

a)

| | | Geschlecht | | gesamt |
| --- | --- | --- | --- | --- |
| | | männlich | weiblich | |
| Altersgruppe | Jugendlicher | 217 | 101 | 318 |
| | Erwachsener | 158 | 71 | 229 |
| gesamt | | 375 | 172 | 547 |

**119**  **3** b) (1) Anteil der männlichen Mitglieder: 68,6 %
      (2) Anteil der jugendlichen Mitglieder: 58,1 %
      (3) Anteil der weiblichen jugendlichen Mitglieder: 18,5 %
      (4) Anteil der weiblichen Mitglieder unter allen Erwachsenen: 31,4 %
      (5) Anteil der Erwachsenen unter allen weiblichen Mitgliedern: 41,3 %
      Der Unterschied zwischen (4) und (5) entsteht durch die unterschiedliche Bezugsbasis
      bei der Errechnung des Prozentwertes.

    c) (1) Anteil der männlichen Jugendlichen: 68,2 %
      (2) Anteil der männlichen jugendlichen Mitglieder: 39,7 %

    d)

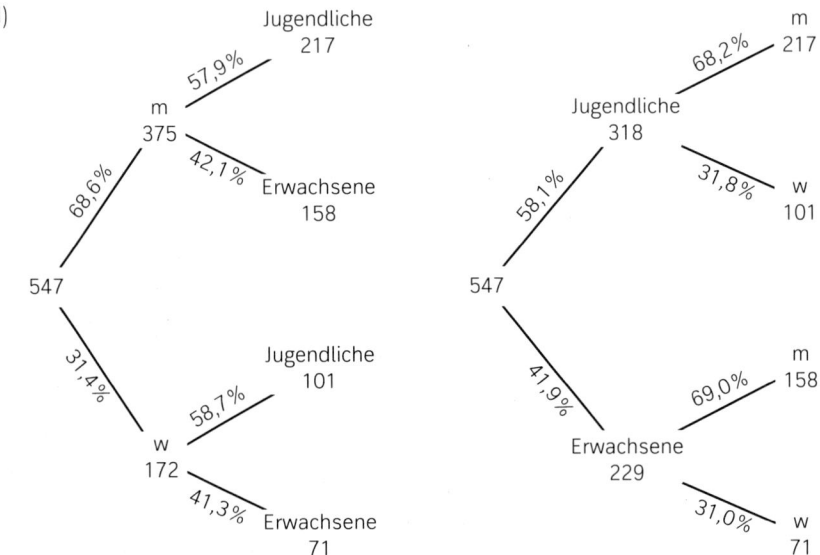

**120**  **4** *Geldfälscher am Werk*
    a) $P(F) = \frac{200}{100\,000} = 0,002 = 0,2\,\%$

    b) Aufgrund der genannten Prozentzahlen hinsichtlich der Zuverlässigkeit des Automaten
      werden die Schülerinnen und Schüler hier vermutlich den hohen Prozentsatz (80 %)
      auswählen. Insofern wird Teilaufgabe d) zu einer Überraschung werden.

    c) Es werden 200 Fälschungen vermutet. In 95 % dieser Fälle blinkt der Automat, das ist
      also bei 190 Scheinen; bei 10 Scheinen blinkt er fälschlicherweise nicht.
      Es werden 100 000 – 200 = 99 800 echte Scheine vermutet. In 10 % dieser Fälle
      blinkt der Automat dennoch, das ist also bei 9980 Scheinen. Beim Rest, nämlich bei
      99 800 – 9800 = 89 820 Scheinen, blinkt er richtigerweise nicht.

    d) Die Zahl der echten Scheine ist im Verhältnis zu den falschen Scheinen so groß, dass
      auch die Anzahl der Fehlalarme, ausgelöst durch echte Scheine, im Verhältnis zu den
      richtigen Alarmen sehr groß ist.

    e)

|       | F   | F     |         |
|-------|-----|-------|---------|
| B     | 196 | 4990  | 5186    |
| $\overline{B}$ | 4   | 94810 | 94814   |
|       | 200 | 99800 | 100000  |

$P(F\,|\,A) = \frac{196}{196 + 4990} \approx 0,038$

Die Wahrscheinlichkeit verdoppelt sich zwar auf fast 4 % (das Blinken weist mit einer
Wahrscheinlichkeit von 4 % auf wirkliches Falschgeld hin), aber diese Verbesserung lohnt
nicht den Einsatz größerer Investitionen.

**122** 5 *Neuwagen*

a)

| | Fahrzeuge aus Werk A | Fahrzeuge aus Werk B | |
|---|---|---|---|
| ohne Beanstandung | 42 | 34 | 76 |
| mit Beanstandung | 18 | 6 | 24 |
| | 60 | 40 | 100 |

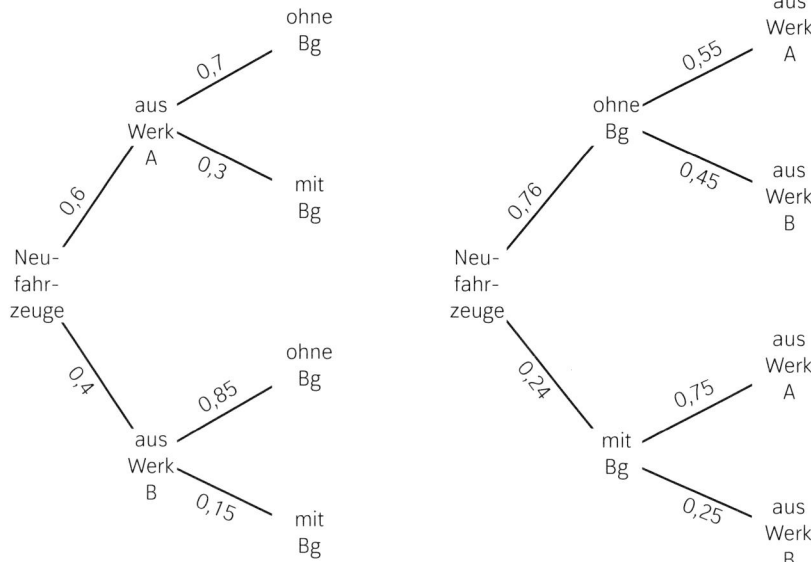

b) Der Anteil aller bezogenen Neufahrzeuge, die nach einem Jahr Betrieb ohne Bean-
standung geblieben sind, beträgt 76 %, aber immerhin 24 % wurden beanstandet. 25 %
aller beanstandeten Neufahrzeuge stammen aus Werk B, d. h. 75 % der beanstandeten
Neufahrzeuge stammen aus Werk A, dessen Anteil an den Neufahrzeugen ohne Bean-
standung dann auch nur 55 % beträgt.

**122**    **6** Vegetarier

a)

|  | Männer | Frauen |  |
|---|---|---|---|
| **Vegetarier** | 1 187 760 | 5 612 240 | 6,8 Mio. |
| **Kein Vegetarier** | 38 404 240 | 35 595 760 | 74 Mio. |
|  | 39 592 000 | 41 208 000 | 80,8 Mio. |

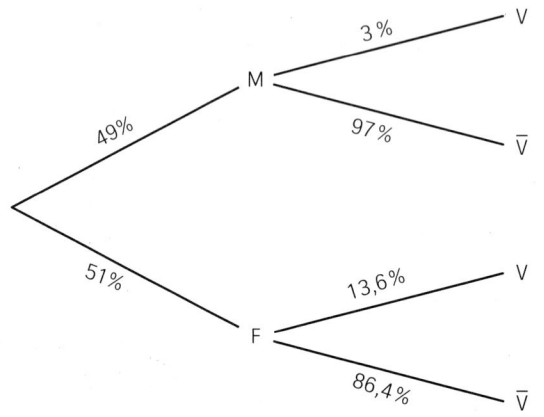

b)  Es sind rund 5,6 Mio. Frauen Vegetarier, das sind 13,6 %.

c)  47,5 %

**7** Vierfeldertafeln

a)

|  | Junge | Mädchen |  |
|---|---|---|---|
| **Fußball** | 82 | 22 | 104 |
| **kein Fußball** | 224 | 336 | 560 |
|  | 306 | 358 | 664 |

b)  Diese Vierfeldertafel ist nicht zu vervollständigen, weil es u. A. im Feld für die Summe der Jungen einen Widerspruch gibt.

c)  Hier gibt es beliebig viele Möglichkeiten, z. B.

|  | Junge | Mädchen |  |
|---|---|---|---|
| **Tennis** | 13 % | 30 % | 43 % |
| **kein Tennis** | 25 % | 32 % | 57 % |
|  | 38 % | 62 % | 100 % |

d)

|  | Junge | Mädchen |  |
|---|---|---|---|
| **Reiten** | 0,06 | 0,2 | 0,26 |
| **kein Reiten** | 0,46 | 0,28 | 0,74 |
|  | 0,52 | 0,48 | 1 |

**123**   **8**   *Zwei Artikel – gleiche Datenbasis?*
Vierfeldertafel zum linken Bericht (Basis 1 Mio.)

|     | m | w |   |
| --- | --- | --- | --- |
| A | 44 022 | 42 978 | 87 000 |
| $\overline{A}$ | 445 544 | 467 456 | 913 000 |
|   | 489 566 | 510 434 | 1 000 000 |

Damit lassen sich die Angaben im rechten Bericht vergleichen:
männlicher Anteil an der Gesamtbevölkerung: 49,0 %
Ausländeranteil bei Männern: 9,0 %
Ausländeranteil bei Frauen: 8,4 %
Rundet man bei den Daten zum linken Bericht auf eine Nachkommastelle bei den Prozentangaben, so stimmen die Werte überein. Man kann also davon ausgehen, dass die gleichen Datensätze zugrunde liegen.

**9**   *Eine Umfrage*
a)   Vierfeldertafeln

|     | Frauen | Männer |   |
| --- | --- | --- | --- |
| **wollen kaufen** | 380 | 310 | 590 |
| **wollen nicht kaufen** | 120 | 290 | 410 |
|   | 500 | 500 | 1000 |

|     | > 40 Jahre | ≤ 40 Jahre |   |
| --- | --- | --- | --- |
| **wollen kaufen** | 100 | 490 | 590 |
| **wollen nicht kaufen** | 160 | 250 | 410 |
|   | 260 | 740 | 1000 |

|     | Frauen | Männer |   |
| --- | --- | --- | --- |
| **wollen kaufen** | 220 | 40 | 260 |
| **wollen nicht kaufen** | 280 | 160 | 740 |
|   | 500 | 500 | 1000 |

Es werden mehr jüngere als ältere Menschen das Produkt kaufen. Etwas mehr als ein Viertel der befragten Personen war über 40 Jahre alt. Das Produkt wird eher von Frauen als von Männern gekauft werden, das Verhältnis liegt bei fast 2 : 1.

b)   *Der Nachrichtenticker:*
„Soeben hat das *Institut für Marktforschung die* Umfrageergebnisse zum voraussichtlichen Käuferverhalten für das Produkt ABCXYZ, das kurz vor der Markteinführung steht, bekannt gegeben. Von 1000 befragten Personen (je 50 % Männer bzw. Frauen), wollen 60 % das Produkt kaufen. Dabei überwiegen die jungen Kaufinteressenten mit fast 75 % deutlich gegenüber den älteren. Voraussichtlich werden die jungen Kaufinteressentinnen die jungen männlichen Kaufinteressenten deutlich übertreffen.
Einschränkend muss man aber dazu sagen, dass die Altersverteilung bei den Befragten sehr unterschiedlich war. Das Verhältnis von jung/alt betrug bei den Frauen ≈ 4 : 3, während es bei den Männern dagegen 9 : 1 entsprach."

**123** **10** *Bevölkerungsstatistik*
Einwohnerzahlen in der Vierfeldertafel in Millionen

|  | Frauen | Männer |  |
|---|---|---|---|
| Jünger als 15 Jahre |  |  | 2,44 |
| älter als 15 Jahre |  |  | 15,4 |
|  |  |  | 17,84 |

Letzte Spalte: $2,44 = 0,137 \cdot 17,84$ und $15,4 = 17,84 - 2,73$
Nun muss man ein lineares Gleichungssystem mit 2 Variablen lösen:
$x$ = Gesamtzahl der Männer in NRW
$y$ = Gesamtzahl der Frauen in NRW
I. $\quad 0,143 \cdot x + 0,13 \cdot y = 2,44$
II. $\qquad x + \qquad y = 17,84$
Lösung mit Einsetzungsverfahren:
Aus II. folgt: $y = 17,84 - x$
Eingesetzt in I. ergibt für die Zahl der Menschen unter 15 Jahre:
$0,143 \cdot x + 0,13 \cdot (17,84 - x) = 2,44$
Auflösen dieser Gleichung nach $x$ liefert $x = 9,29$ und diesen Wert eingesetzt in II. ergibt
$y = 8,55$.
Damit lassen sich jetzt die Zahlen für die noch leeren Felder berechnen:

|  | Frauen | Männer |  |
|---|---|---|---|
| Jünger als 15 Jahre | 1,11 | 1,33 | 2,44 |
| älter als 15 Jahre | 7,44 | 7,96 | 15,4 |
|  | 8,55 | 9,29 | 17,84 |

**124** **11** *Wahltag*
Vierfeldertafeln für Wahlprognose von Institut A

|  | Wähler Partei X | Wähler Partei Y |  |
|---|---|---|---|
| gegen Umgehung | 17 885 | 8446 | 26 331 |
| für Umgehung | 41 938 | 3974 | 8169 |
|  | 22 080 | 12 420 | 34 500 |

Vierfeldertafeln für Wahlprognose von Institut B

|  | Wähler Partei X | Wähler Partei Y |  |
|---|---|---|---|
| gegen Umgehung | 15 649 | 10 322 | 25 971 |
| für Umgehung | 3671 | 4858 | 8539 |
|  | 19 320 | 15 180 | 34 500 |

a) Der unbekannte Wähler hat die Partei X mit einer Wahrscheinlichkeit von
$P_X = \frac{17\,885}{17\,885 + 8446} \approx 0,679 = 67,9\,\%$ gewählt und die Partei Y nur mit einer Wahrscheinlichkeit von $P_Y = \frac{8446}{17\,885 + 8446} \approx 0,321 = 32,1\,\%$, wenn man die Wahlprognose vom
Institut A zugrunde legt.

b) Wenn man von der Wahlprognose vom Institut B ausgeht, dann hat der unbekannte
Wähler die Partei X mit einer Wahrscheinlichkeit von $P_X = \frac{15\,649}{15\,649 - 10\,322} \approx 0,603 = 60,3\,\%$
gewählt und die Partei Y nur mit einer Wahrscheinlichkeit von
$P_Y = \frac{10\,322}{15\,649 - 10\,322} \approx 0,397 = 39,7\,\%$.
Im Vergleich zu Institut A ist die liegen die Wahrscheinlichkeiten für Partei X und Y näher
beieinander.

**124** ⬚12 *Jahresbericht zu Unfällen*
Vierfeldertafel mit Anzahl der Unfälle

| | Unfälle mit Personenschaden | Unfälle ohne Personenschaden | |
|---|---|---|---|
| **Unfälle mit Alkoholeinwirkung** | 120 701 | 31 829 | 152 530 |
| **Unfälle ohne Alkoholeinwirkung** | 171 394 | 2 090 087 | 2 261 481 |
| | 292 095 | 2 121 916 | 2 414 011 |

Die gesuchten Wahrscheinlichkeiten sind:

(1) $P = \frac{2\,121\,916}{2\,414\,011} \approx 0,879 = 87,9\,\%$ oder auch $1 - 0,121 = 0,879$

(2) $P = \frac{171\,394}{292\,095} \approx 0,587 = 58,7\,\%$

(3) $P = \frac{120\,701}{152\,530} \approx 0,791 = 79,1\,\%$

⬚13 *Handy-Besitz*

a) $P = \frac{189}{881} \approx 0,214 = 21,5\,\%$   b) $P = \frac{87}{189} \approx 0,46 = 46\,\%$   c) $P = \frac{356}{458} \approx 0,777 = 77,7\,\%$

**126** ⬚14 *Der Schein kann trügen*

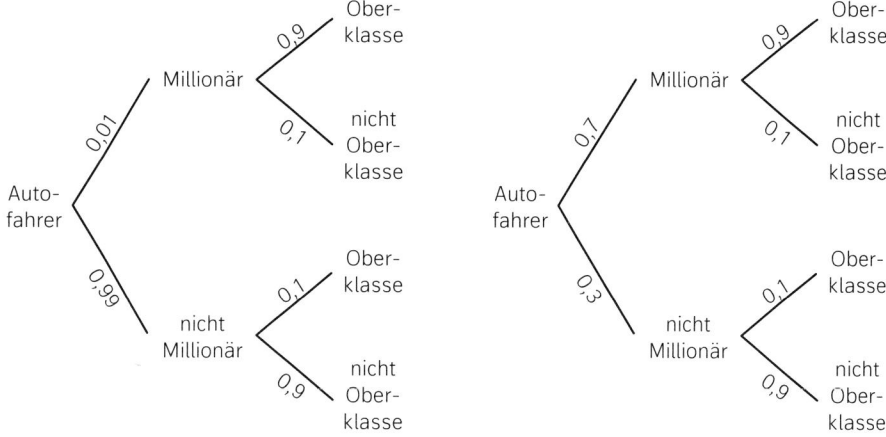

a) $P = \frac{0,01 \cdot 0,9}{0,01 \cdot 0,9 + 0,99 \cdot 0,1} = \frac{0,009}{0,009 + 0,099} \approx 0,083 = 8,3\,\%$

b) $P = \frac{0,7 \cdot 0,9}{0,7 \cdot 0,9 + 0,3 \cdot 0,1} = \frac{0,63}{0,63 + 0,03} \approx 0,955 = 95,5\,\%$

⬚15 *Altersgruppen – Mathematik*

a) $P = 1 - 0,087 = 0,913 = 91,3\,\%$

b) $0,913 \cdot 0,207 + 0,087 \cdot 0,105 \approx 0,189 + 0,009 = 0,198 = 19,8\,\%$

c) $\frac{0,087 \cdot 0,105}{0,198} = \frac{0,009}{0,198} \approx 0,045 = 4,5\,\%$

**126** **16** *Wahrscheinlichkeiten unter einer Bedingung*
Vierfeldertafel:

|   | A | B |   |
|---|---|---|---|
| C | 0,2 | 0,3 | 0,5 |
| D | 0,2 | 0,3 | 0,5 |
|   | 0,4 | 0,6 | 1 |

a) $P(B|D) = \frac{0,3}{0,5} = 0,6$   $P(A|C) = \frac{0,2}{0,5} = 0,4$

b) Beispiel: Von den 800 Schülerinnen und Schülern eines Gymnasiums singen 40 % im Schulchor. Die Hälfte hiervon sind Schülerinnen. Wenn du einen von den 400 Schülern auf dem Schulhof triffst, mit welcher Wahrscheinlichkeit singt er im Chor? Wenn du ein Chormitglied auswählst, mit welcher Wahrscheinlichkeit ist es eine Schülerin?

**127** **17** *Berufseignungstest*

|   | A (geeignet) | Ā (nicht geeignet) |   |
|---|---|---|---|
| B (Test bestanden) | 480 | 20 | 500 |
| B̄ (Test nicht bestanden) | 120 | 380 | 500 |
|   | 600 | 400 | 1000 |

Um die Sicherheit der Vorhersage zu beurteilen, muss man ermitteln, wie hoch die Wahrscheinlichkeit ist, dass ein Bewerber, der den Test bestanden hat, auch tatsächlich geeignet ist.

Wahrscheinlichkeit für das Bestehen des Tests (B):

$P(B) = 0,6 \cdot \frac{480}{600} + 0,4 \cdot \frac{20}{400} = 0,5$

Wahrscheinlichkeit, dass ein Bewerber den Test besteht und geeignet ist (A):

$P(A \text{ und } B) = 0,6 \cdot \frac{480}{600} = 0,48$

Wahrscheinlichkeit, dass ein Bewerber, der den Test bestanden hat, wirklich geeignet ist:

$P(B \mid A) = \frac{0,48}{0,5} = 0,96 = 96\,\%$

Die Vorhersage ist mit 96 % recht sicher.

**18** *Taxiunternehmen*

a) Man kann folgende Vierfeldertafel aufstellen:

|   | Blaues Taxi | Grünes Taxi |   |
|---|---|---|---|
| Als Blau erkannt | 4 | 5 | 9 |
| Als Grün erkannt | 1 | 20 | 21 |
|   | 5 | 25 | 30 |

Wenn man jetzt davon ausgeht, dass der Zeuge ein blaues Taxi gesehen hat, ist dies mit einer Wahrscheinlichkeit von $\frac{4}{9}$ wirklich blau gewesen und mit einer Wahrscheinlichkeit von $\frac{5}{9}$ war es eigentlich grün. Entsprechend dieser Anteile sollten die Unternehmen die Kosten des Schadens unter sich aufteilen.

**127** **18** b) Die Vierfeldertafel ändert sich wie folgt:

|  | Blaues Taxi | Grünes Taxi |  |
|---|---|---|---|
| Als Blau erkannt | 2,5 | 12,5 | 15 |
| Als Grün erkannt | 2,5 | 12,5 | 15 |
|  | 5 | 25 | 30 |

Wenn man wiederum davon ausgeht, dass er blau gesehen hat, so war es mit einer Wahrscheinlichkeit von $\frac{2,5}{15} \approx 0,167 = 16,7\,\%$ ein blaues Taxi und mit einer Wahrscheinlichkeit von $\frac{12,5}{15} \approx 0,833 = 83,3\,\%$ ein grünes Taxi und entsprechend sollte man auch hier die Anteile an der Schadenssumme aufteilen.

**19** *Feuerwarnanlage*
Im Bürogebäude:
Wahrscheinlichkeit für einen Alarm:
$P(A) = 0,001 \cdot 0,95 + 0,999 \cdot 0,01 = 0,01094$
Wahrscheinlichkeit, dass es brennt und Alarm gegeben wird:
$P(B \text{ und } A) = 0,001 \cdot 0,95 = 0,00095$
Wahrscheinlichkeit, dass Alarm gegeben wird und es tatsächlich brennt:
$P(A \mid B) = \frac{0,00095}{0,01094} \approx 0,0868 \approx 8,7\,\%$
In der Lagerhalle:
Wahrscheinlichkeit für einen Alarm:
$P(A) = 0,02 \cdot 0,95 + 0,98 \cdot 0,01 = 0,0288$
Wahrscheinlichkeit, dass es brennt und Alarm gegeben wird:
$P(B \text{ und } A) = 0,02 \cdot 0,95 = 0,019$
Wahrscheinlichkeit, dass Alarm gegeben wird und es tatsächlich brennt:
$P(A \mid B) = \frac{0,019}{0,0288} = 0,6597 = 66,90\,\%$

## Kopfübungen

1. 3k
2. ... gleich großen Winkeln von je 90°.
3. $4 + b + 3 = 7 + b$
   $4 + (b - 3) = 1 + b$
   $4 - (b + 3) = 1 - b$
   $4 - (b - 3) = 7 - b$
4. zwei Fünfecke und fünf Rechtecke
5. $\frac{1}{12}$ und $-\frac{1}{12}$
6. Dies ist nicht möglich, der Mittelwert einer Reihe von z. B. Messwerten kann nicht außerhalb deren Intervall liegen.
7.

|  | b > 0 | b < 0 |
|---|---|---|
| m > 0 | (1) | (3) |
| m < 0 | (4) | (2) |

**128** **20** *Musik und Sport in der eigenen Klasse*
Schüleraktivität.

**128** (21) *Diagnose einer Krankheit*

a) Vierfeldertafel auf Grundlage von 15 000 Personen:

|  | Erkrankt | Nicht Erkrankt |  |
|---|---|---|---|
| **Test positiv (+)** | 54 | 747 | 801 |
| **Test negativ (–)** | 6 | 14 193 | 14 199 |
|  | 60 | 14 940 | 15 000 |

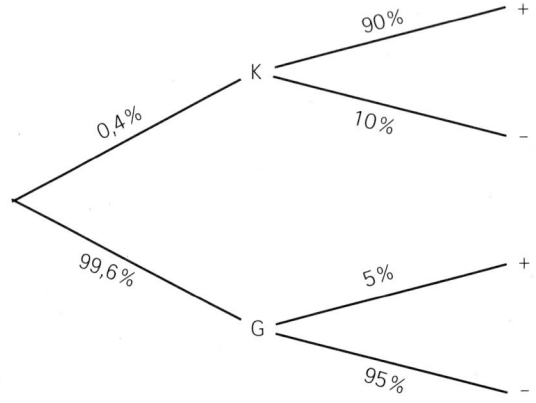

b) $P = 0,004 \cdot 0,1 + 0,996 \cdot 0,95 = 0,9466 = 94,66\%$

c) $P = \frac{54}{108} \approx 0,067 = 6,7\%$

d) Trotz eines positiven Ergebnis besteht nur die geringe Wahrscheinlichkeit von 6,7 % einer Erkrankung. Mit dieses Zahlen sollte man den Test nicht unbedingt verpflichtend einführen, da sich die 93,3 % mit einem positiven Ergebnis, die aber nicht krank sind, unnötig Sorgen machen und nicht notwendige Folgeuntersuchungen durchführen lassen würden.

Für die Risikogruppe sieht die Vierfeldertafel so aus:

|  | Erkrankt | Nicht Erkrankt |  |
|---|---|---|---|
| **Test positiv (+)** | 5400 | 450 | 5850 |
| **Test negativ (–)** | 600 | 8550 | 9150 |
|  | 6000 | 9000 | 15 000 |

Die Wahrscheinlichkeit, dass eine Person tatsächlich erkrankt ist, wenn sie die Diagnose bekommen hat, ist in diesem Fall $P = \frac{5400}{5850} \approx 0,923 = 92,3\%$.

In der Risikogruppe ist es sehr sinnvoll den Test verpflichtend durchzuführen.

**129**  (22) *Variationen*

a)

|  | infiziert Inf | gesund G |  |
|---|---|---|---|
| Test positiv (+) | 950 | 3960 | 4910 |
| Test negativ (−) | 50 | 95040 | 95906 |
|  | 1000 | 99000 | 100000 |

$P(\text{Inf}) = \frac{950}{4910} \approx 0,193 = 19,3\,\%$

Da man nun davon ausgeht, dass 1 % der Testpersonen infiziert ist, muss Herr Maier mit 19,3 % Wahrscheinlichkeit damit rechnen, selbst infiziert zu sein.

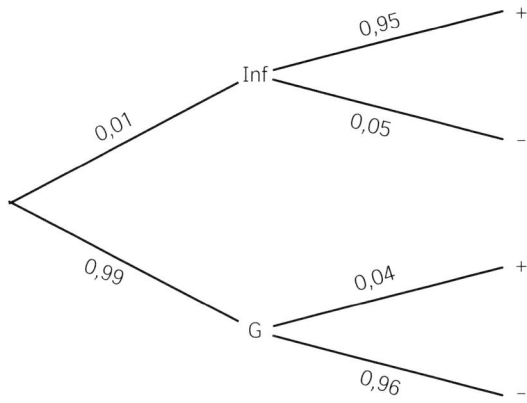

b) Ausgangspunkt ist wieder Beispiel D:

|  | infiziert Inf | gesund G |  |
|---|---|---|---|
| Test positiv (+) | 98 | 3996 | 4094 |
| Test negativ (−) | 2 | 95904 | 95906 |
|  | 100 | 99900 | 100000 |

$P(\text{Inf}) = \frac{98}{4094} \approx 0,0239 \approx 2,4\,\%$

Die Verbesserung der Zuverlässigkeit im Hinblick auf den Nachweis einer tatsächlichen Infektion bringt keine spürbare Sicherheit für die Testperson.

c) Ausgangspunkt ist wieder Beispiel D:

|  | infiziert Inf | gesund G |  |
|---|---|---|---|
| Test positiv (+) | 95 | 999 | 1094 |
| Test negativ (−) | 5 | 98901 | 98906 |
|  | 100 | 99900 | 100000 |

$P(\text{Inf}) = \frac{95}{1094} \approx 0,0868 \approx 8,7\,\%$

Die Sicherheit des Tests ist nun deutlich besser geworden, aber immer noch sehr niedrig.

**129**    22  d) Eine Verbesserung der Quote, mit der der Test infizierte Personen tatsächlich als positiv
ermittelt (Teilaufgabe b)), bewirkt wenig, da es sich nur um eine sehr kleine Personen-
anzahl, nämlich nur 0,1 % bzw. 1 % der Getesteten, handelt.
Eine Reduzierung der irrtümlich als positiv getesteten Personen (Teilaufgabe c))
verbessert die Sicherheit des Tests spürbar, weil hier eine sehr große Anzahl der Getesteten als Grundmenge betroffen ist.

e) Sicherlich lassen sich Tests in beide hier angesprochenen Richtungen verbessern;
die Forschung sollte dabei versuchen, die Irrtumswahrscheinlichkeit eines Tests zu
minimieren. Die Ausgangswahrscheinlichkeiten ergeben sich aus Erfahrungswerten und
Beobachtungen der Testphänomene über längere Zeiträume und müssen dem Problem
angemessen bestimmt werden.

23  *Das Ziegenproblem – eine heftig diskutierte Denksportaufgabe*
Das Umentscheiden lohnt sich. Der abgebildete Baum verdeutlicht:

1.  $P(A_1 \text{ und } M_3) = \frac{1}{3} \cdot \frac{1}{2} = \frac{1}{6}$

2.  $P(A_2 \text{ und } M_3) = \frac{1}{3} \cdot 1 = \frac{1}{3}$

Im 2. Fall ist die Wahrscheinlichkeit für Gewinn des Autos doppelt so groß wie im Fall 1.
Hinweis: Wie auf der Marginalie im Buch vermerkt, ist dieses Problem nicht einfach, es
gibt Anlass zu verschiedenen Lösungsansätzen und Diskussionen. Deshalb lohnt sich auf
jedem Fall die in b) vorgeschlagene Simulation!
Literaturhinweis (auch für Schüler geeignet): Gero von Randow, Das Ziegenproblem; rororo,
Reinbek bei Hamburg, 1992. Gute Hilfen auch im Internet.

## 4.2  Klassische Probleme der Wahrscheinlichkeitsrechnung

**130**    1  *Aus den Anfängen der Wahrscheinlichkeitsrechnung*
a) Im Folgenden sei das Ereignis „A gewinnt einen Punkt" mit A, das Ereignis „B gewinnt
einen Punkt" mit B bezeichnet. Bei jedem Münzwurf liegt die Wahrscheinlichkeit, dass
A (B) einen Punkt erwirbt, bei 50 %. Der Spielstand 2 : 1 für A lässt sich während drei
Durchgängen auf drei verschiedene Arten erzielen: AAB, BAB oder BAA. Jeder dieser „Er-
eignisketten" entspricht ein Pfad im Baumdiagramm mit der Wahrscheinlichkeit $\frac{1}{8}$. Die
Wahrscheinlichkeit, dass der Spielstand nach drei Durchgängen 2 : 1 für A beträgt, liegt
also bei $\frac{3}{8}$. Der Wetteinsatz ist nun entsprechend der Wahrscheinlichkeit zu verteilen,
dass A (B) bei einer theoretischen Fortsetzung des Spiels gewinnt.

b) Wie unter a) erörtert, ist Ausgangspunkt der Überlegung die Situation eines Spielstandes
von 2 : 1 für A. Dabei ist irrelevant, auf welche Weise dieses Ergebnis erzielt wurde.
Betrachte im Folgenden beispielhaft die Situation AAB (für die anderen Möglichkeiten
läuft das Verfahren analog). In einem nächsten Durchgang kann nun entweder AABA
erzielt werden, womit das Spiel beendet wäre (Sieg für A, P (AABA) = 50 %) oder AABB
(P (AABB) = 50 %). Das Ergebnis AABB erfordert einen weiteren Durchgang mit den
möglichen Ergebnissen AABBB (Sieg für B, P (AABBB) = 25 %) oder AABBA (Sieg für A,
P (AABBA) = 25 %). Es sind also maximal noch 2 Durchgänge notwendig, bis ausgehend
von einem Spielstand von 2 : 1 für A der Sieger feststeht. Die Wahrscheinlichkeit, dass
A dabei gewinnt, liegt bei $\frac{1}{2} + \frac{1}{4} = \frac{3}{4}$, die Wahrscheinlichkeit, dass B gewinnt, beträgt $\frac{1}{4}$.
Der Wetteinsatz ist also im Verhältnis 3 : 1 aufzuteilen. Damit entsprechen 16 Pistolen
einem Teil, was zu einer Verteilung von 48 Pistolen für A und 16 Pistolen für B führt.

**130** ( **1** ) c) Nach Abbruch des Spiels bei einem Stand von 1 : 0 für A sind theoretisch folgende Situationen möglich, würde man das Spiel bis zum Sieg weiterführen: ABAA, ABABA, ABABB, ABBAA, ABBAB, ABBB, AAA, AABA, AABBA, AABBB. Es sind also maximal noch 4 Münzwürfe notwendig, bis ausgehend von einem Stand von 1 : 0 für A der Sieger feststeht. Bezeichnet n die Stufe des Durchgangs, so liegt die Wahrscheinlichkeit P (n) für ein Ergebnis nach n Münzwürfen bei $P(n) = \frac{1}{2^{n-1}}$, denn der erste Wurf wird nicht mitgezählt (Ausgangssituation!) und alle Möglichkeiten sind immer gleichwahrschein-lich. Die Wahrscheinlichkeit, dass A gewinnt, beträgt also $\frac{11}{16}$, B gewinnt mit einer Wahrscheinlichkeit von $\frac{5}{16}$. Folglich sollte A 44 Pistolen und B 20 Pistolen erhalten.

**132** ( **2** ) *Auch berühmte Mathematiker können irren*
a) Nein, D'ALEMBERT hat nicht berücksichtig, dass das erste Ergebnis noch zu unterteilen ist in erst Zahl dann Kopf und erst Zahl, dann Zahl. Dann wären auch alle Ergebnisse gleichwahrscheinlich.
b) Es ist P (erster Wurf ergibt Zahl) = P (Zahl, Kopf) + P (Zahl, Zahl) = $\frac{1}{2}$, aber P (Kopf, Zahl) = P (Kopf, Kopf) = $\frac{1}{4}$. Also ist die korrekte Wahrscheinlichkeit für zweimal Kopf $\frac{1}{4}$.

( **3** ) *Eine Vermutung von Leibniz*
Die Wahrscheinlichkeit beträgt bei einem sechsseitigen Würfel für jede Zahl $\frac{1}{6}$. Um mit ei-nem Wurf mit zwei Würfeln die Augensumme 11 zu erhalten, ist entweder ein Wurfergebnis der Form (5, 6) oder (6, 5) erforderlich. Die Wahrscheinlichkeit P(Augensumme 11) beträgt also $2 \cdot \frac{1}{6} \cdot \frac{1}{6} = \frac{2}{36}$. Für die Augensumme 12 kommt nur ein Ergebnis der Form (6, 6) infrage; dies tritt mit der Wahrscheinlichkeit P (Augensumme 12) = $\frac{1}{36}$ auf. Folglich hat Leibniz sich geirrt.

( **4** ) *Ein weiteres Problem von CHEVALIER DE MÉRÉ*
a) Es ist P (bei 4 Würfen keine 6) = $\left(\frac{5}{6}\right)^4 \approx 0,48$.
Damit ist P (bei 4 Würfen mindestens eine 6) = 0,52.
b) Es ist P (bei einem Wurf keine Doppelsechs) = P (bei einem Wurf eine 6) + P (bei einem Wurf keine 6) = $2 \cdot \frac{1}{6} \cdot \frac{5}{6} + \left(\frac{5}{6}\right)^2 = \frac{35}{36}$. Bei insgesamt 24 Durchgängen, die alle unabhängig voneinander sind, erhält man folglich
P (bei 24 Würfen keine Doppelsechs) = $\left(\frac{35}{36}\right)^{24} \approx 0,51$
Damit ist P (bei 24 Würfen mindestens eine Doppelsechs) = 0,49.

**133** ( **5** ) *Widerspruch zwischen Erfahrung und Erklärung*
a) Der Unterschied zwischen den beiden Wahrscheinlichkeiten ist mit $\frac{128}{1\,000} - \frac{117}{1\,000} \approx 0,01$ sehr gering. Es ist also fraglich, ob der Fürst dieses Ergebnis als Beweis akzeptieren wird.
b) Schüleraktivität
c) Der Unterschied im Erzielen der Augensummen 9 und 10 besteht darin, mit welcher Anzahl jeweils Zahlen einfach, doppelt oder dreifach in einer Summe auftreten. Für die Augensumme 9 hat man offensichtlich drei Möglichkeiten bestehend aus drei verschie-denen Zahlen, zwei mit zwei verschiedenen Zahlen und eine mit identischen Zahlen. Letztere Situation kommt beim Erzielen der Augensumme 10 nicht vor. Insgesamt gibt es sechs Möglichkeiten für die Verteilung von drei Zahlen auf drei Plätze, drei Möglich-keiten, wenn dabei zwei Zahlen identisch sind und eine Möglichkeit, wenn alle Zahlen gleich sind. Folglich „verstecken" sich hinter den je sechs Möglichkeiten der Augensum-men eigentlich 25 (für Augensumme 9) und 27 (Augensumme 10).

**133**  6  *Roulette*

a) (1) Es gibt insgesamt 37 Zahlen, davon sind 18 rot.

(2) Die Wahrscheinlichkeit, aus einer Gesamtmenge von 37 Zahlen eine von vier möglichen auszuwählen.

b) Als Gegenereignis $\overline{E}$ von Susannes Vorschlag müsste eine schwarze gerade Zahl auftreten, welche nicht aus der Menge {14, 15, 17, 18} stammt, oder die 0. Dafür gibt es 11 Möglichkeiten und somit ist $P(E) = \frac{26}{37} \approx 0{,}70$. Der Fehler in Susannes Überlegung besteht darin, dass sie Ereignisse z. T. mehrfach berücksichtigt; beispielsweise enthält die Menge der roten Zahlen bereits 10 ungerade Zahlen, die Hälfte der vorgegebenen Zahlen in {14, 15, 17, 18} ist rot usw.

## Kopfübungen

1. $-4{,}6 + 3{,}2 = -1{,}4$
2. $(1 + 2 + 3 + 4) \cdot x \cdot y = 10 \cdot x \cdot y$
3. Parallelogramm, insbesondere Rechteck, Raute und Quadrat.
4. Die Funktionen $f_1(x) = 2 \cdot x$ und $f_2(x) = \frac{1}{2} \cdot (x + 2) - 4$ schneiden sich bei $x = -2$.
5. $\left(\frac{1}{3}\right), \left(\frac{1}{9}\right) \ldots$
6. 67 Preise
7. $A = \frac{1}{2} \cdot 4 \cdot 2 + \frac{1}{2} \cdot 1 \cdot 4 = 6$

**134**  ## Projekt

Das Geburtstagsproblem

a) Schüleraktivität

b) Schüleraktivität

c) Die Anzahl der Möglichkeiten für das Gegenereignis beträgt
$365 \cdot \ldots \cdot (365 - (n - 1))$; somit ist seine Wahrscheinlichkeit gegeben durch
$\dfrac{365 \cdot \ldots \cdot (365 - (n - 1))}{365^n}$ und schließlich $P(A) = 1 - \dfrac{365 \cdot \ldots \cdot (365 - (n - 1))}{365^n}$.

d) $n = 2$: $P(A) = 1 - \dfrac{365}{365} \cdot \dfrac{364}{365} \approx 0{,}003$

$n = 5$: $P(A) = 1 - \dfrac{365 \cdot \ldots \cdot 361}{365^5} \approx 0{,}03$

$n = 10$: $P(A) = 1 - \dfrac{365 \cdot \ldots \cdot 356}{365^{10}} \approx 0{,}12$

e) Schüleraktivität

# Kapitel 5
# Quadratische Funktionen und Gleichungen

## Didaktische Hinweise

Wie bereits in den vorangegangenen Klassenstufen folgt auch die Einführung der quadratischen Funktionen dem „Vierschritt" aus Erleben, Systematisieren, Funktionsgleichungen bestimmen, Problemlösen, Anwenden und Modellieren. Da das Lösen von Problemen mithilfe von quadratischen Funktionen unmittelbar auf quadratische Gleichungen führt, werden diese in Lernabschnitt **5.1** und **5.2** aufgebaut und in einem eigenen Abschnitt **5.3** zusammenfassend vor dem Modellieren (**5.4**) und Problemlösen (**5.5**) behandelt. Den Abschluss (**5.6**) bildet eine Erweiterung, die der zu engen Verknüpfung von Parabeln als Graphen quadratischer Funktionen entgegenwirken soll.

Der Abschnitt **5.1** *Einführung in quadratische Funktionen* zeichnet sich durch die Vielfalt der Anwendungsgebiete aus. Quadratische Funktionen werden in verschiedenen Zusammenhängen erlebt. In den Aufgaben und Übungen wird breiter Raum gegeben für das Gewinnen von Erfahrungen im Umgang mit quadratischen Funktionen. Erkenntnisse, die am Graphen oder einer Tabelle entdeckt werden, werden noch nicht systematisiert. Das Zusammenspiel von Funktionsgleichung, Graph und Tabelle spricht verschiedene Lerntypen an. Charakteristische Eigenschaften der Parabel werden entdeckt und typische Fragen beim Bearbeiten von Problemen mit quadratischen Funktionen behandelt. Dies geschieht analog zum entsprechenden Lernabschnitt zu linearen Funktionen in Klasse 8, womit durch diese curriculare Wiederaufnahme Nachhaltigkeit erzeugt wird. Schülerinnen und Schüler erfahren dabei, dass sie einige Fragen vollständig rechnerisch beantworten können, bei anderen an dieser Stelle aber noch auf grafisch-tabellarische Verfahren angewiesen sind.

Im Abschnitt **5.2** *Entdeckungen am Graphen quadratischer Funktionen* werden die gewonnenen Erkenntnisse über quadratische Funktionen, deren Graphen und zugehörigen Tabellen systematisiert und vertieft. Die Aufgaben der ersten grünen Ebene ermöglichen verschiedene Zugänge zu dem Thema, einmal ohne digitale Werkzeuge, einmal mit. Dabei fördern die digitalen Werkzeuge das selbstständige Entdecken der Zusammenhänge zwischen der Funktionsgleichung der quadratischen Funktion und der Parabel durch die Schülerinnen und Schüler. Die Aufgaben zum „Graphenlaboratorium" eignen sich in besonderem Maße zur arbeitsteiligen Gruppenarbeit mit anschließender angemessener Präsentation. Ein besonderes Augenmerk liegt auf den verschiedenen Darstellungsmöglichkeiten der Funktionsgleichung (Seite 152 ff.), aus denen man unterschiedliche Informationen ablesen kann. Diese Kenntnis der verschiedenen Formen der Funktionsgleichung einer quadratischen Funktion erleichtert in vielen Fällen das Modellieren (Finden einer angemessenen Funktionsgleichung). Hier wird auch das algebraische Umformen von Termen („Ausklammern", „Ausmultiplizieren") mit einem CAS behandelt. Eine erste Anreicherung stellt die Umwandlung der Funktionsgleichung einer quadratischen Funktion mithilfe des „quadratischen Ergänzens" in die Scheitelpunktsform dar. Den Abschluss der Übungsphase bildet eine Aufgabensequenz zum Arbeiten mit einem CAS (Ü23/Ü24, Makros).

Stand bis hierhin das Erschließen der graphischen Gestalt aus einer vorgegebenen Funktionsgleichung im Mittelpunkt, so wird in diesem Lernabschnitt auch die umgekehrte Frage nach der Bestimmung einer Funktionsgleichung aus vorgegebenen Einzelinformationen des quadratischen Zusammenhanges innermathematisch behandelt (Seite 154 f.), um das später stattfindende Modellieren (5.4) rechnerisch zu entlasten.

*Quadratische Gleichungen* (Lernabschnitt **5.3**)

Das Lösen von quadratischen Gleichungen ist ein schönes Beispiel für die Entwicklung von Lösungsansätzen vom Einfachen zum Komplexen. Alle notwendigen Kenntnisse sind vorhanden, müssen aber im Sinne eines Gestalterlebnisses in neuen Zusammenhängen gesehen werden:

- Gleichungen der Form $x^2 = a$ sind schon aus Kapitel 2 bekannt und werden reaktiviert
- Gleichungen der Form $ax^2 - bx = 0$ können durch Ausklammern gelöst werden.
- Andere quadratische Gleichungen kann man durch „quadratisches Ergänzen" in die „richtige" Form bringen.

Ein allgemeines Lösungsverfahren und die pq-Formel können die Schülerinnen und Schüler mithilfe des Buches selbstständig erarbeiten (Seite 165 ff.). Häufig wenden Schülerinnen und Schüler nach dem Erlernen und Einüben einer Lösungsformel diese in jeder Situation an. Sinnvoll ist daher eine vorgängige Wahl eines geeigneten Verfahrens in Abhängigkeit der Form der quadratischen Gleichung. Wann immer es möglich ist, sollte daher auch das verwendete Lösungsverfahren auf Effizienz (Angemessenheit des Verfahrens) überprüft werden.

Historische Ansätze und der Satz von Vieta runden das Lösen von quadratischen Gleichungen ab. Im Zeitalter der Verfügbarkeit digitaler Werkzeuge sollte das Lösen von quadratischen Gleichungen in der Regel an weniger komplexen Gleichungen geübt werden. „Schwierigere" Gleichungen mit Koeffizienten, die das Rechnen fehleranfällig machen, können mit solchen Werkzeugen gelöst werden. In diesem Fall empfiehlt sich, die Ergebnisse durch eine Überschlagsrechnung zu überprüfen bzw. auf Plausibilität zu untersuchen. Diese Plausibiliätsbetrachtungen können dabei sowohl mathematischer als auch sachlicher Natur sein.

Die grundlegende Erfahrung beim *Modellieren mit Daten* (Lernabschnitt **5.4**) ist, dass diese nicht eindeutig zu einer Funktion („Modell") passen, die Lösungen („Modelle") unterscheiden sich durch unterschiedliche Verfahren der Berechnung und Auswahl benutzter Daten. Die Passung zur Realsituation muss in einem abschließenden Schritt überprüft werden, dabei kann sich zeigen, dass unterschiedliche Lösungen in gleicher Weise adäquat bezüglich der Problemlösung sind. Um diese Erfahrungen zu ermöglichen, ist es zwingend notwendig, Datensätze zu benutzen, die mehr Informationen als notwendig zur Bestimmung einer Funktion beinhalten und auch nicht exakt zu einer Funktion passen. Beim konkreten Ermitteln von Modellen ohne digitale Werkzeuge helfen die in 5.2 erarbeiteten Werkzeuge, so dass hier in erweiterten Kontexten einerseits wiederholend geübt wird, andererseits aber die Konzentration auf das Neue, den Modellierungsprozess, gelenkt werden kann. Mit digitalen Werkzeugen stehen weitere, sehr wirkmächtige Hilfsmittel beim Modellieren zur Verfügung (Regressionen, Funktionenplotter mit Schiebereglern). Ganz wichtig ist, dass die Passung eines Modells zu Daten noch nichts über einen möglichen Wirkzusammenhang, also eine theoretische Stützung des quadratischen Modells, aussagt. Eine diesbezügliche Sensibilisierung wird angesprochen (Seite 176).

*Problemlösen mit quadratischen Funktionen* (Lernabschnitt **5.5**)

Quadratische Funktionen dienen in vielen Alltagssituationen zum Modellieren und helfen beim Lösen von Problemen. An verschiedenen Aufgaben kann die Fähigkeit zum Problemlösen weiter entwickelt werden. Im Basiswissen wird noch einmal dargestellt, wie ein Problemlösungsprozess strukturiert werden kann. Durch Erproben dieser Problemlösestrategien an verschiedenen Aufgaben erleben die Schülerinnen und Schüler, wie man Aufgaben systematisch angehen und lösen kann. Die Vielfalt der Aufgaben spricht unterschiedliche Interessengebiete der Schülerinnen und Schüler an.

Der Lernabschnitt **5.6** *Geometrie der Parabeln und Wurzelfunktionen* thematisiert Situationen, in denen Parabeln in anderen Darstellungen auftreten. Schülerinnen und Schüler erfahren hier, dass Parabeln mehr sind als Graphen quadratischer Funktionen.

Im ersten, nach KC verbindlichen Teil, wird die Parabel aus der Bindung als Funktionsgraph gelöst und als geometrische Ortslinie herausgestellt („Geometrie der Parabel"). Zunächst werden bekannte Ortslinienkonstruktionen aus vorherigen Jahrgängen wiederholt (Seite 183, Aufgabe 1). Mit der Leitfrage „Wo liegen Punkte, die..." wird so ein roter Faden geschaffen, der mit „Wo liegen alle Punkte, die denselben Abstand zu einem Punkt und einer Geraden haben?" eine neuartige Erschließung von Parabeln ermöglicht. Beim rechnerischen Nachweis wird dann die Anwendung des Satzes von Pythagoras in vielfältiger Weise wiederholt und vertieft, die Verbindung von Algebra und Geometrie wird um interessante Facetten angereichert. Weitere phänomenorientierte Darstellungen von Parabeln als Hüllkurven und Kegelschnitte mit konkreten Hinweisen zur handwerklichen Erzeugung schließen diesen Teil ab.

Im zweiten Teil (ab Übung 9) werden ausgehend vom Problem der Erschließung der Geschwindigkeit aus einer bekannten Länge der Bremsspur, Wurzelfunktionen eingeführt. Neben einer weiteren Anwendung (Tsunami) werden hier auch innermathematische Zusammenhänge von Funktionsgleichung und Graphen in einem Funktionenlabor in Anlehnung an entsprechende Untersuchungen bei den quadratischen Funktionen angeboten.

## Lösungen

### 5.1 Einführung in quadratische Funktionen

**138**   1   *Was macht den Unterschied?*

a) (1)

| x | $f(x) = 2x$ | $g(x) = x^2$ |
|---|---|---|
| $-3$ | $-6$ | 9 |
| $-2,5$ | $-5$ | 6,25 |
| $-2$ | $-4$ | 4 |
| $-1,5$ | $-3$ | 2,25 |
| $-1$ | $-2$ | 1 |
| $-0,5$ | $-1$ | 0,25 |
| 0 | 0 | 0 |
| 0,5 | 1 | 0,25 |
| 1 | 2 | 1 |
| 1,5 | 3 | 2,25 |
| 2 | 4 | 4 |
| 2,5 | 5 | 6,25 |
| 3 | 6 | 9 |

(2)

| x | $f(x) = -\frac{1}{2}x$ | $g(x) = -\frac{1}{2}x^2$ |
|---|---|---|
| $-3$ | 1,5 | $-4,5$ |
| $-2,5$ | 1,25 | $-3,125$ |
| $-2$ | 1 | $-2$ |
| $-1,5$ | 0,75 | $-1,125$ |
| $-1$ | 0,5 | $-0,5$ |
| $-0,5$ | 0,25 | $-0,125$ |
| 0 | 0 | 0 |
| 0,5 | $-0,25$ | $-0,125$ |
| 1 | $-0,5$ | $-0,5$ |
| 1,5 | $-0,75$ | $-1,125$ |
| 2 | $-1$ | $-2$ |
| 2,5 | $-1,25$ | $-3,125$ |
| 3 | $-1,5$ | $-4,5$ |

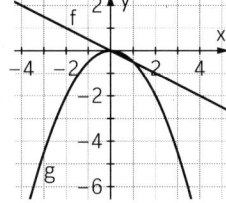

**138** [1] a) (3)

| x | f(x) = 2x + 1 | g(x) = x² + 2x + 1 |
|---|---|---|
| −3 | −5 | 4 |
| −2,5 | −4 | 2,25 |
| −2 | −3 | 1 |
| −1,5 | −2 | 0,25 |
| −1 | −1 | 0 |
| −0,5 | 0 | 0,25 |
| 0 | 1 | 1 |
| 0,5 | 2 | 2,25 |
| 1 | 3 | 4 |
| 1,5 | 4 | 6,25 |
| 2 | 5 | 9 |
| 2,5 | 6 | 12,25 |
| 3 | 7 | 16 |

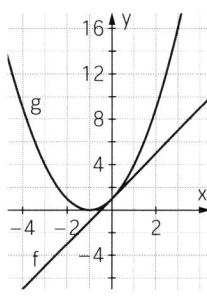

b) (1) Bei $f(x) = 2x$ handelt es sich um eine Gerade mit positiver Steigung. Der Graph von $g(x) = x^2$ verläuft stets oberhalb der x-Achse, im Koordinatenursprung berührt er die x-Achse. Im ersten Quadranten wächst er mit größer werdendem x stark an; im zweiten Quadranten wächst er mit kleiner werdendem x ebenfalls stark an. Seinen tiefsten Punkt hat er im Koordinatenursprung.

(2) Bei $f(x) = -\frac{1}{2}x$ handelt es sich um Gerade mit negativer Steigung. Der Graph von $g(x) = -\frac{1}{2}x^2$ verläuft stets unterhalb der x-Achse, im Koordinatenursprung berührt er die x-Achse. Im ersten Quadranten fällt er mit größer werdendem x; im zweiten Quadranten fällt er mit kleiner werdendem x ebenfalls. Seinen höchsten Punkt hat er im Koordinatenursprung.

(3) Bei $f(x) = 2x + 1$ handelt es sich um eine Gerade mit positiver Steigung. Der Graph von $g(x) = x^2 + 2x + 1$ verläuft stets oberhalb der x-Achse, bei $x = -1$ berührt er die x-Achse. Im ersten Quadranten wächst er mit größer werdendem x stark an; im zweiten Quadranten wächst er mit kleiner werdendem $x < -1$ ebenfalls stark an. Seinen tiefsten Punkt hat er in $P(-1|0)$.

[2] *Verschiedene Kurven*

Die einfachste quadratische Funktion ist durch die Funktionsgleichung $f(x) = x^2$ gegeben, die auch Normalparabel genannt wird. Alle quadratischen Funktionen besitzen einen Scheitelpunkt, der entweder, bei nach oben geöffneten Parabeln, der tiefste Punkt oder, bei nach unten geöffneten Parabeln, der höchste Punkt ist. Die Abbildung zeigt unterschiedliche Normalparabeln, die nach links oder rechts bzw. nach oben oder unten verschoben und gestreckt oder gestaucht wurden.

Der Graph einer linearen Funktion $y = mx + b$ ist eine Gerade, d.h. der Graph ist im Gegensatz zu dem der quadratischen Funktion nicht gekrümmt. Außerdem besitzt eine lineare Funktion eine gleichbleibende Steigung, im Gegensatz zur quadratischen Funktion.

**138**  3  *Erkennst du ein Muster?*

a) Bei Graphen (1) bis (3) handelt es sich um Geraden, bei (4) bis (6) um Parabeln.

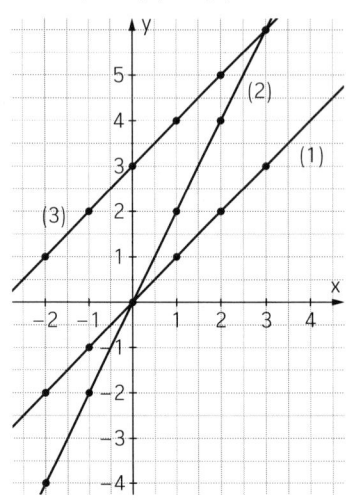 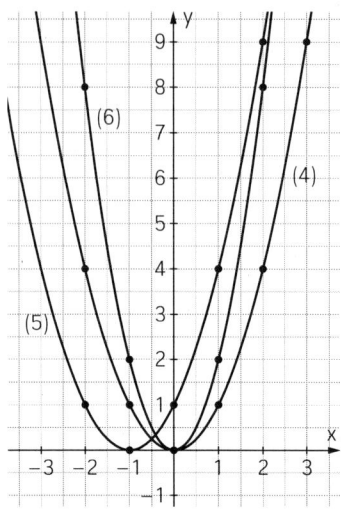

b) (1)  y = x      (2)  y = 2x      (3)  y = x + 3
   (4)  $y = x^2$      (5)  $y = (x + 1)^2$      (6)  $y = 2x^2$

**Anmerkung zur Auflage A[1]:** Die Nummerierung der Aufgaben im Schülerbuch ist ab hier um drei geringer als im Lösungsbuch.

**139**  4  *Brems- und Anhalteweg*

a) s(30) = 9              Der Bremsweg ist 9 m lang.
   s(60) = 36            Der Bremsweg ist 36 m lang.
   s(90) = 81            Der Bremsweg ist 81 m lang.

b) s(v) = 32 für v ≈ 57    Die Geschwindigkeit betrug rund 57 km/h.

c)

| v (km/h) | w (m) |
|----------|-------|
| 0 | 0 |
| 50 | 40 |
| **60** | 54 |
| 82 | **92** |
| 100 | 130 |
| **150** | 270 |
| 200 | **460** |

Der Graph ist ähnlich wie beim Bremsweg, steigt aber stärker an.
w(90) = 108
Der Anhalteweg ist 108 m lang.

5  *Der Preis beeinflusst die Nachfrage – Wie macht man den größten Gewinn?*

a)

| Preisänderung | Eintrittspreis | Besucherzahl | Einnahmen E(x) |
|---------------|----------------|--------------|----------------|
| −2 | 3 | 360 | 1080 |
| −1 | 4 | 330 | 1320 |
| 0 | 5 | 300 | 1500 |
| 1 | 6 | 270 | 1620 |
| 2 | 7 | 240 | 1680 |
| 3 | 8 | 210 | 1680 |
| 4 | 9 | 180 | 1620 |
| x | 5 + x | 300 − 30x | |

**139** **5** b) $E(x) = (5 + x)(300 - 30x) = -30x^2 + 150x + 1500$

c)

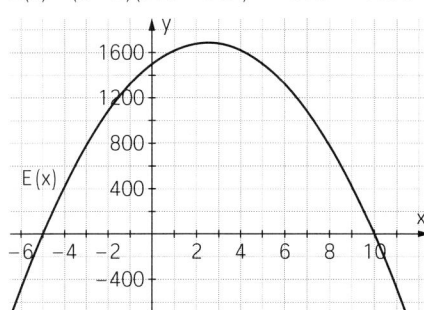

Die größte Einnahme bringt eine Preiserhöhung um 2,50 €.
$E(2,5) = 1\,687,5$

d) Wahrscheinlich werden z. B. viele Eltern und Schüler unabhängig vom Eintrittspreis auf jeden Fall zum Schultheater kommen wollen.

**141** **6** *Quadratisch, linear oder keins von beiden*

a) quadratisch b) linear c) linear d) quadratisch
e) – f) quadratisch g) linear h) quadratisch
i) – j) – k) quadratisch l) quadratisch
m) quadratisch n) quadratisch o) – p) quadratisch

**7** *Quadratische Funktionen in verschiedenen Darstellungen*

a) $f(x) = x^2 + 5x - 24$ b) $f(x) = x^2 - 4\frac{1}{4}x - 3\frac{3}{4}$ c) $f(x) = 2x^2 - 3,2x$
d) $f(x) = x^2 - \frac{1}{9}$ e) $f(x) = x^2 + 4x + 4$ f) $f(x) = 2x^2 + \frac{5}{2}x$
g) $f(x) = \frac{1}{2}x^2 - 6$ h) $f(x) = -x^2 - x + 12$ i) $f(x) = \frac{7}{4}x^2 + 2$

**8** *Vom Term zum Graphen*

(1) a) pink, c) blau, f) rot (2) b) blau, d) rot, e) pink

**142** **9** *Von der Tabelle zur Funktionsgleichung*

a) $y = 2x^2$ b) $y = x^2 + 5$
c) $y = -x^2$ d) $y = (x - 1)^2$

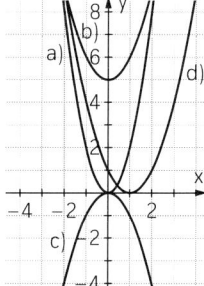

**10** *Rechteckszahlen*

a) $4 \times 5$-Rechteck mit 20 Feldern; $5 \times 6$-Rechteck mit 30 Feldern
b) Der Zuwachs von Zahl zu Zahl erhöht sich jeweils um 2:
2; 6; 12; 20; 30; 42; 56; 72; 90; 110
c) $f(x) = x(x + 1)$ für $x \geq 1$
d) $g(x) = x^2 + x$ für $x \geq 1$
Ausklammern von x zeigt: $g(x) = f(x)$

**142** **11** *Quadratische Funktionen bauen*

a) (1) $f(x) = x + 2$, $g(x) = x - 3$; $f(x) \cdot g(x) = x^2 - x - 6$

| x | f(x) | g(x) | f(x)·g(x) |
|---|---|---|---|
| −2 | 0 | −5 | 0 |
| −1 | 1 | −4 | −4 |
| 0 | 2 | −3 | −6 |
| 0,5 | 2,5 | −2,5 | −6,25 |
| 1 | 3 | −2 | −6 |
| 2 | 4 | −1 | −4 |
| 3 | 5 | 0 | 0 |
| 4 | 6 | 1 | 6 |

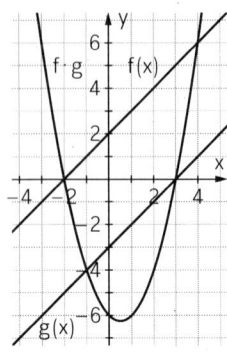

(2) $f(x) = 2x - 1$, $g(x) = 0,5x + 2$; $f(x) \cdot g(x) = x^2 + 3,5x - 2$

| x | f(x) | g(x) | f(x)·g(x) |
|---|---|---|---|
| −5 | −11 | −0,5 | 5,5 |
| −4 | −9 | 0 | 0 |
| −3 | −7 | 0,5 | −3,5 |
| −2 | −5 | 1 | −5 |
| −1 | −3 | 1,5 | −4,5 |
| 0 | −1 | 2 | −2 |
| 0,5 | 0 | 2,25 | 0 |
| 1 | 1 | 2,5 | 2,5 |

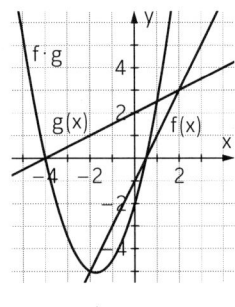

(3) $f(x) = 2x$, $g(x) = x + 2$; $f(x) \cdot g(x) = 2x^2 + 4x$

| x | f(x) | g(x) | f(x)·g(x) |
|---|---|---|---|
| −4 | −8 | −2 | 16 |
| −3 | −6 | −1 | 6 |
| −2 | −4 | 0 | 0 |
| −1 | −2 | 1 | −2 |
| 0 | 0 | 2 | 0 |
| 1 | 2 | 3 | 6 |
| 2 | 4 | 4 | 16 |
| 3 | 6 | 5 | 30 |

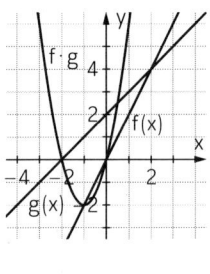

b) f und g sind Geraden. f · g ist eine Parabel.

c) f · g hat dort die Schnittpunkte mit der x-Achse (Nullstellen), wo auch f oder g jeweils ihre Nullstelle haben.

d) (1) Ja, mit einer Ausnahme. Ist eine Gerade mit Steigung $m = 0$ ein Faktor, so erhält man wieder eine lineare Funktion.

(2) Ja. Eine quadratische Funktion $f(x)$ der Form $f(x) = ax^2 + c$ mit $a \geq 0$ hat ihren tiefsten Punkt auf der y-Achse. Das Produkt zweier linearer Funktionen der Form $f(x) = mx + b$ und $g(x) = mx - b$ liefert solch eine quadratische Funktion. Z. B. $f(x) = 0,5x + 2$ und $g(x) = 0,5x - 2$; $f(x) \cdot g(x) = 0,25x^2 - 4$.

**143** **12** *Ein Kaninchengehege*

a)

| Breite (m) | Länge (m) | Fläche (m²) | Draht (m) |
|---|---|---|---|
| 1 | 18 | 18 | 20 |
| 2 | 16 | 32 | 20 |
| 3 | 14 | 42 | 20 |
| 4 | 12 | 48 | 20 |
| x | $20 - 2x$ | $x(20 - 2x)$ | $2x + (20 - 2x) = 20$ |

b) $l(x) = 20 - 2x$ für $x < 10$
c) $A(x) = x(20 - 2x)$
d) $A(5) = 50$ ist maximal.
   Für 10 m Länge und 5 m Breite ist der Flächeninhalt am größten.

**13** *Gewinn und Verlust*

a) $G(14) = 5200$ ⠀⠀⠀⠀ Gewinn: 5200 €
   $G(8) = 8800$ ⠀⠀⠀⠀ Gewinn: 8800 €
b) Maximaler Gewinn beim Verkaufspreis 10 €.
   $G(10) = 10000$ ⠀⠀⠀⠀ Gewinn: 10 000 €
c) $G(p) = 0$ für $p_1 = 10 + \frac{10}{3}\sqrt{3} \approx 15,77$ ⠀⠀ $p_2 = 10 - \frac{10}{3}\sqrt{3} \approx 4,23$
   Break-even-Punkte bei 4,23 € und bei 15,77 €.
   Preise unter 4,23 € bzw. über 15,77 € bringen Verlust.

**144** **14** *„Kopfmathematik"*

a) $x = 3$ ⠀⠀⠀⠀ b) $x = 1$ ⠀⠀⠀⠀ c) $x = -1,25$

**15** *Quadratische und lineare Funktionen im Vergleich*

Der Graph einer linearen Funktion $g(x) = mx + b$, wobei $m \neq 0$ die Steigung und b den y-Achsenabschnitt angibt, ist eine Gerade; sie hat stets einen Schnittpunkt mit der x-Achse, also eine Nullstelle.

$g(x) = 2x - 1$ besitzt also die Steigung 2 und schneidet die y-Achse in $-1$ und die x-Achse in 0,5.

Der Graph einer quadratischen Funktion $f(x) = ax^2 + bx + c$ mit $a \neq 0$ ist eine Parabel; sie hat zwei Nullstellen oder eine oder keine Nullstelle, sie ist achsensymmetrisch, und sie ist nach oben oder nach unten geöffnet und besitzt somit ein Minimum bzw. ein Maximum.

$f(x) = x^2 - 4x + 5$ ist eine nach oben geöffnete Normalparabel, die um 2 Einheiten nach rechts und um eine Einheit nach oben verschoben wurde. Sie besitzt also keine Nullstelle.

Für die lineare Funktion gilt: Wächst der x-Wert um 1, dann wächst der y-Wert stets um denselben Wert m. Wächst bei einer quadratischen Funktion der x-Wert um 1, so ändert sich der Zuwachs der y-Werte gleichmäßig.

**144** **16** *Quadratische und lineare Funktionen im Vergleich: Änderungsverhalten*

| x | -2 | -1 | 0 | 1 | 2 | 3 | 4 | 5 |
|---|---|---|---|---|---|---|---|---|
| y = 2x + 1 | -3 | -1 | 1 | 3 | 5 | 7 | 9 | 11 |
| **Differenz der y-Werte** | | 2 | 2 | 2 | 2 | 2 | 2 | 2 |

(1)

| x | -2 | -1 | 0 | 1 | 2 | 3 | 4 | 5 |
|---|---|---|---|---|---|---|---|---|
| y = x² + 1 | 5 | 2 | 1 | 2 | 5 | 10 | 17 | 26 |
| **Differenz der y-Werte** | | 3 | 1 | 1 | 3 | 5 | 7 | 9 |

(2)

| x | -2 | -1 | 0 | 1 | 2 | 3 | 4 | 5 |
|---|---|---|---|---|---|---|---|---|
| y = 2x² | 8 | 2 | 0 | 2 | 8 | 18 | 32 | 50 |
| **Differenz der y-Werte** | | 6 | 2 | 2 | 6 | 10 | 14 | 18 |

(3)

| x | -2 | -1 | 0 | 1 | 2 | 3 | 4 | 5 |
|---|---|---|---|---|---|---|---|---|
| y = -0,5(x - 2)² | -8 | -4,5 | -2 | -0,5 | 0 | -0,5 | -2 | -4,5 |
| **Differenz der y-Werte** | | 3,5 | 2,5 | 1,5 | 0,5 | 0,5 | 1,5 | 2,5 |

An den Tabellen kann man erkennen, dass die Änderung der Differenz der y-Werte von quadratischen Funktionen konstant ist.

**146** **17** *Eine Rakete*

a) $h(2) = 67$; Nach 2 Sekunden hat die Rakete eine Höhe von 67 m erreicht.

b) Tabelle/Grafik liefern Ergebnis:

| t (in s) | h(t) (in m) |
|---|---|
| 0 | 27 |
| **1** | **52** |
| 2 | 67 |
| 3 | 72 |
| 4 | 67 |
| **5** | **52** |
| 6 | 27 |

$h(1) = h(5) = 52$ Nach einer bzw. fünf Sekunden beträgt die Flughöhe 52 m.

c) $h(3) = 72$

Die Tabelle zeigt, dass nach drei Sekunden die größte Höhe erreicht wird. Sie liegt bei 72 m.

**18** *Innermathematisches Training*

a) (1) y-Achsenabschnitt: $f(0) = 1$; Nullstellen: $x_1 = -1$ und $x_2 = 2$

(2) $f(-2) = -4$     $f(5) = -18$

(3) –

(4) Bei $(0,5 \mid 2,25)$ hat f den höchsten Punkt.

(5) $x < -1$ und $x > 2$

**146** **18** b) (1) y-Achsenabschnitt: $f(0) = 4,5$; Nullstelle: $x = 3$
(2) $f(-2) = 12,5$    $f(5) = 2$
(3) $x_1 \approx 0,5$ und $x_2 \approx 5,5$
(4) Bei $(3|0)$ hat f den tiefsten Punkt.
(5) –

c) (1) y-Achsenabschnitt: $f(0) = 2$; Nullstellen: $x_1 \approx 0,4$ und $x_2 \approx 3,6$
(2) $f(-2) = 14$    $f(5) = 7$
(3) $x_1 \approx -0,25$ und $x_2 \approx 4,25$
(4) Bei $(2|-2)$ hat f den tiefsten Punkt.
(5) $0,4 < x < 3,6$

### Kopfübungen

1. 15,6
2. Quadrat, Rechteck, Parallelogramm, Raute
3. $16x^2 + 72xy + 81y^2$
4. Da $\sqrt{9^2 + 40^2} = 41$, ist das Dreieck rechtwinklig. Also gilt: $A = \frac{9 \cdot 40}{2}\,\text{cm}^2 = 180\,\text{cm}^2$.
5. $(-4)^3$
6. Die relative Häufigkeit beträgt 0,3 bzw. 30 %.
7. $y = 5x + 3$ mit x in Wochen und y in cm. Nach ca. fünfeinhalb Wochen ist die Pflanze 30 cm groß.

**147** **19** *Pascal'sches Dreieck*

a)

| x | y = 1 | y = x | $y = \frac{1}{2}x(x+1)$ | $y = \frac{1}{6}x(x+1)(x+2)$ |
|---|---|---|---|---|
| 1 | 1 | 1 | 1 | 1 |
| 2 | 1 | 2 | 3 | 4 |
| 3 | 1 | 3 | 6 | 10 |
| 4 | 1 | 4 | 10 | 20 |
| 5 | 1 | 5 | 15 | 35 |
| 6 | 1 | 6 | 21 | 56 |
| 7 | 1 | 7 | 28 | 84 |

b) Die dritte (blaue) Funktion $y = \frac{1}{2}x(x+1)$ ist eine quadratische Funktion.

c) $y = \frac{1}{24}x(x+1)(x+2)(x+3)$

| x | 1 | 2 | 3 | 4 | 5 | 6 | 7 |
|---|---|---|---|---|---|---|---|
| y | 1 | 5 | 15 | 35 | 70 | 126 | 210 |

**20** *Rechtecke*

a) Der Flächeninhalt verändert sich, weil z. B. für $x = 1$ aus dem $5\,\text{cm} \cdot 8\,\text{cm} = 40\,\text{cm}^2$ großen Rechteck ein $6\,\text{cm} \cdot 7\,\text{cm} = 42\,\text{cm}^2$ großes Rechteck entsteht.
Für $x = 3$ entsteht ein $8\,\text{cm} \cdot 5\,\text{cm} = 40\,\text{cm}^2$ großes Rechteck; der Flächeninhalt ändert sich für $x = 3$ also nicht.

b)

| x | 0,5 | 1 | 1,5 | 2 | 3 | 4 | 5 | 6 | 7 | 8 |
|---|---|---|---|---|---|---|---|---|---|---|
| A(x) | 41,25 | 42 | 42,25 | 42 | 40 | 36 | 30 | 22 | 12 | 0 |

c) $A(x) = (5 + x)(8 - x) = 40 + 3x - x^2$
Abhängig von x verändert sich der Flächeninhalt um $(3x - x^2)\,\text{cm}^2$. Für $x = 0$ oder $x = 3$ wird dieser Term gleich null, es gibt also keine Veränderung des Flächeninhalts.
Für $x = 1,5\,\text{cm}$ wird der Flächeninhalt maximal: $A(1,5\,\text{cm}) = 42,25\,\text{cm}^2$.

## 5.2 Entdeckungen am Graphen quadratischer Funktionen

**148**

**1** *Muster aus Graphen*

a) Alle Parabeln haben die typische Form. Sie unterscheiden sich in folgenden Punkten:
- Die Parabeläste verlaufen steiler oder flacher.
- Die Parabeln sind nach oben geöffnet bzw. nach unten geöffnet.
- Tiefpunkt oder Hochpunkt liegen teils im Koordinatenursprung, teils verschoben nach rechts bzw. nach unten.

b) (1) $l(x)$      (2) $f(x)$      (3) $g(x)$      (4) $k(x)$      (5) $h(x)$

**2** *Muster aus Tabellen*

a)

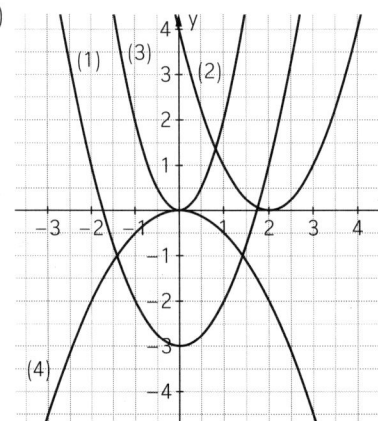

b) (1) $f(x) = x^2 - 3$
    (2) $f(x) = (x - 2)^2$
    (3) $f(x) = 2x^2$
    (4) $f(x) = -0,5x^2$

**149**

**3** *Graphenlaboratorium 1*

a) Hier kann durch Experimente mit GTR und CAS die Funktion von a entdeckt werden.

b)

| $f(x) = ax^2$ | Aussehen der Parabel |
|---|---|
| $a > 1$ | Nach oben geöffnet und schmaler |
| $a = 0$ | Normalparabel |
| $0 < a < 1$ | nach oben geöffnet und breiter |
| $-1 < a < 0$ | nach unten geöffnet und breiter |
| $a < -1$ | nach unten geöffnet und schmaler |

**4** *Graphenlaboratorium 2*

a) Der Parameter e bewirkt eine Verschiebung der Parabel in Richtung der y-Achse, für $e > 0$ nach oben, für $e < 0$ nach unten. Scheitelpunkt der Parabel ist jeweils $(0|e)$.

b) Der Parameter d verschiebt die Parabel in Richtung der x-Achse, für $d > 0$ nach rechts, für $d < 0$ nach links. Scheitelpunkt der Parabel ist jeweils $(d|0)$.

c) Der Graph $f(x)$ ist um fünf Einheiten in x-Richtung nach links und um drei Einheiten in y-Richtung nach unten verschoben.
Der Graph $g(x)$ ist um drei Einheiten in x-Richtung nach rechts und um fünf Einheiten in y-Richtung nach oben verschoben.

**151**

**5** *Parabeln zeichnen*

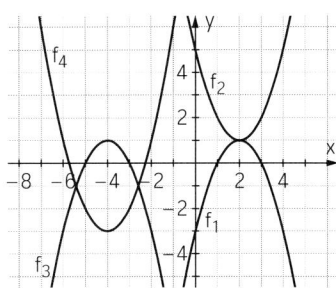

**6** *Quadratische Funktion gesucht*
a) $f_1(x) = (x - 2)^2 + 4$
b) $f_2(x) = (x + 2)^2 + 1$
c) $f_3(x) = (x - 3)^2 - 1$
d) $f_4(x) = (x + 1)^2 - 4$

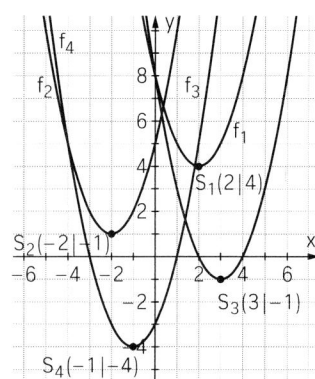

**7** *Beliebte Fehler*
a) $f(2) = 10$

$S(2|-6)$ liegt nicht auf dem Graphen, ist also nicht der Scheitelpunkt.

| x | −4 | −3 | −2 | −1 | 0 | 1 | 2 | 3 | 4 |
|---|----|----|----|----|---|---|---|---|---|
| y | −2 | −5 | −6 | −5 | −2 | 3 | 10 | 19 | 30 |

Der Scheitelpunkt ist $S_1(-2|-6)$.

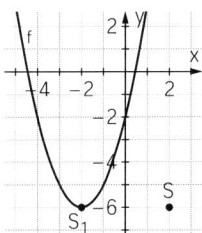

b)

| x | −3 | −2 | −1 | 0 | 1 | 2 | 3 |
|---|----|----|----|---|---|---|---|
| $y = x^2$ | 9 | 4 | 1 | 0 | 1 | 4 | 9 |
| $y = (x + 1)^2$ | 4 | 1 | 0 | 1 | 4 | 9 | 16 |

Die Tabelle zeigt die Verschiebung des Graphen von $f(x)$ gegenüber der Normalparabel um 1 Einheit nach links; der Scheitelpunkt verschiebt sich von $(0|0)$ nach $(-1|0)$.

**151**

**8** *Parabeln spiegeln und drehen*

a) $f_1(x) = -(x-3)^2 - 1$

b) $f_2(x) = (x+3)^2 + 1$

c) $f_3(x) = -(x+3)^2 - 1$

d) ■ Spiegelung der Parabel an der x-Achse (bezeichne die gespiegelten Funktionen jeweils mit g und der entsprechenden Zahl im Index):

zu Aufgabe 5: $g_1(x) = (x-2)^2 - 1$; $g_2(x) = -(x-2)^2 - 1$; $g_3(x) = (x+4)^2 - 1$; $g_4(x) = -(x+4)^2 + 3$

zu Aufgabe 6: $g_1(x) = -(x-2)^2 - 4$; $g_2(x) = -(x+2)^2 - 1$; $g_3(x) = -(x-3)^2 + 1$; $g_4(x) = -(x+1)^2 + 4$

■ Spiegelung der Parabel an der y-Achse (bezeichne die gespiegelten Funktionen jeweils mit h und der entsprechenden Zahl im Index):

Zu Aufgabe 5: $h_1(x) = -(x+2)^2 + 1$; $h_2(x) = (x+2)^2 + 1$; $h_3(x) = -(x-4)^2 + 1$; $h_4(x) = -(x-4)^2 - 3$

Zu Aufgabe 6: $h_1(x) = (x+2)^2 + 4$; $h_2(x) = (x-2)^2 + 1$; $h_3(x) = (x+3)^2 - 1$; $h_4(x) = (x-1)^2 - 4$

**9** *Schnittpunkt mit der y-Achse*

a) $f(0) = 2$, Schnittpunkt $(0|2)$; $g(0) = -1$, Schnittpunkt $(0|-1)$

b) $f(0) = c$ Schnittpunkt $(0|c)$

**152**

**10** *Der Streckfaktor „a"*

a) $f(x) = \frac{3}{2}x^2$ mit $a = \frac{3}{2}$

| x | −2 | −1,5 | −1 | 0 | 1 | 1,5 | 2 |
|---|----|------|----|----|----|-----|---|
| f(x) | 6 | 3,375 | 1,5 | 0 | 1,5 | 3,375 | 6 |

b)

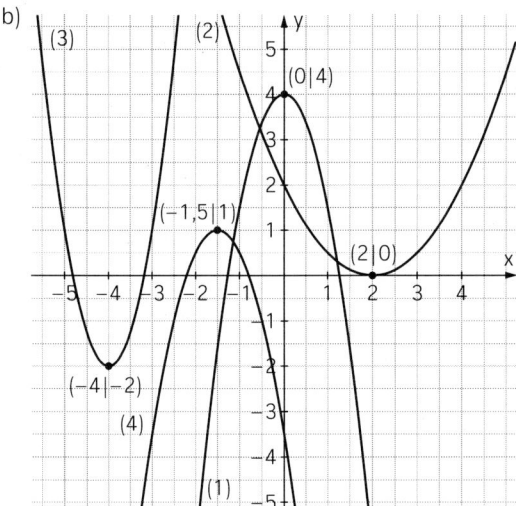

c) Nach links kann sie auch gehen, da die Parabel symmetrisch zu einer Senkrechten durch den Scheitelpunkt ist. Sie kann aber nicht von einem beliebigen Punkt aus starten.

**152** [11] *Verschobene Normalparabeln*

a) $f(x) = (x - 3)^2 - 1$; $g(x) = (x + 1)^2 - 4$

b) Lars hat Recht; da es sich um Normalparabeln handelt, reichen die beiden Nullstellen zum Aufstellen der Gleichungen.

**153** [12] *Eine Parabel – drei Darstellungen*

a) Ausmultiplizieren und Zusammenfassen gleichartiger Glieder führen von der Scheitelpunktform und von der faktorisierten Form jeweils auf die allgemeine Form.

b)

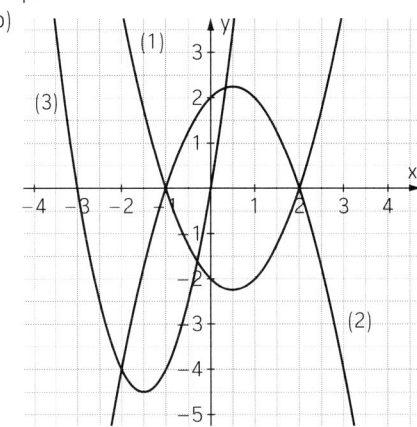

c) An der Scheitelpunktform kann man leicht die Koordinaten des Scheitelpunktes ablesen, an der faktorisierten Form die Nullstellen und an der allgemeinen Form den Schnittpunkt mit der y-Achse.

[13] *Faktorisierte Form und Symmetrie: ganz schön praktisch!*

a) Nullstellen bei $x_1 = 0$; $x_2 = \frac{3}{4}$, Scheitelpunkt $S\left(\frac{3}{8}\middle| -\frac{9}{64}\right)$

b) $x_1 = -\frac{2}{5}$; $x_2 = \frac{2}{5}$, $\quad S\left(0\middle| -\frac{4}{25}\right)$

c) $x_1 = -4$; $x_2 = -1$, $\quad S(-2{,}5\,|\,4{,}5)$

d) $x = -\frac{3}{2}$, $\qquad S\left(-\frac{3}{2}\middle|0\right)$

e) $x = 1{,}75$, $\qquad S(1{,}75\,|\,0)$

f) $x = 2$, $\qquad S(2\,|\,0)$

g) Verschobene Normalparabeln in a), b), d) und f)

[14] *Darstellungswechsel mit dem CAS*

a) Die Umformungen zur Scheitelpunktsform von den beiden anderen Formen aus können die Schülerinnen und Schüler zu diesem Zeitpunkt noch nicht zu Fuß.

b) Die vierte und fünfte Funktion haben keine Nullstellen, deswegen kann man auch keine faktorisierte Form aufschreiben.
Das letzte Ergebnis liefert die Nullstellen $x_1 = \sqrt{3} + 2$, $x_2 = -\sqrt{3} + 2$.

c) $\left(x + \sqrt{3} - 2\right)\left(x - \sqrt{3} - 2\right) = \left((x - 2) + \sqrt{3}\right)\left((x - 2) - \sqrt{3}\right) = (x - 2)^2 - 3 = x^2 - 4x + 4 - 3$
$\qquad = x^2 - 4x + 1$

[15] *Funktionsgleichungen aus Nullstellen*

a) $f(x) = a(x - 1)(x - 3)$, $a \neq 0$, beliebig

b) $f(x) = a(x + 4)(x - 1{,}5)$ $a \neq 0$, beliebig

c) $f(x) = a(x + 2{,}7)(x - 0{,}5)$ $a \neq 0$, beliebig

d) $f(x) = a(x - 2)^2$ $a \neq 0$, beliebig

**153**  **16** *Parabelzoo*

a) (1) $f(x) = (x + 7)^2 - 8$
   (2) $f(x) = x^2 + 1,5$
   (3) $f(x) = (x - 6)^2$
   (4) $f(x) = -(x + 5,5)^2 + 4,5$
   (5) $f(x) = -(x - 1,5)^2 - 2$
   (6) $f(x) = -(x - 7)^2 + 7$

b) (1) $f(x) = 0,25(x + 4)^2 + 2$
   (2) $f(x) = 0,5(x - 4)^2 - 2$
   (3) $f(x) = 5(x - 4)^2 + 1$
   (4) $f(x) = -\frac{1}{6}(x + 8)(x - 4)$
   (5) $f(x) = -0,25(x + 4)^2$
   (6) $f(x) = -2(x - 2)^2 - 4$

**154**  **17** *Quadratische Funktionen – Binomische Formeln*

a) Nullstelle: $x = 2$; $S(2 \mid 0)$
b) $g(x) = (x + 3)^2$    $h(x) = (x - 5)^2 - 5$    $k(x) = (x + 4)^2 + 20$    $l(x) = (x + 4)^2$
   Die Funktionen h und k lassen sich nicht direkt umschreiben, da keine binomische
   Formel vorliegt. Der Term muss zunächst so ergänzt werden, dass man eine binomische
   Formel anwenden kann.

**18** *Scheitelpunktbestimmung mithilfe der quadratischen Ergänzung*

a) (1) $f(x) = (x - 5)^2 - 10$; $S(5 \mid -10)$    (2) $f(x) = (x + 1)^2 - 4$; $S(-1 \mid -4)$
   (3) $f(x) = (x + 1,5)^2 - 4,25$; $S(-1,5 \mid -4,25)$    (4) $f(x) = (x - 4,5)^2 - 20,25$; $S(4,5 \mid -20,25)$
   (5) $f(x) = (x - 3)^2$; $S(3 \mid 0)$

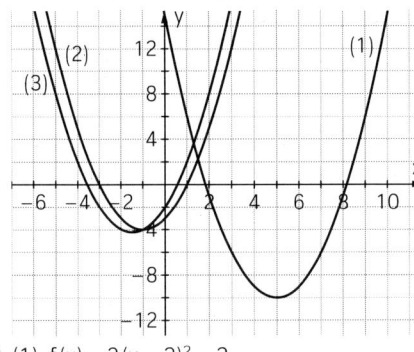

b) (1) $f(x) = 2(x - 2)^2 - 2$    (2) $f(x) = -3(x + 2)^2 + 24$

**19** *Parabel aus Nullstellen und Scheitelpunkt*

a) Da der Scheitelpunkt und die Nullstellen $x_1$ und $x_2$ bekannt sind, verwenden wir zum
   Aufstellen der Funktionsgleichung die faktorisierte Form  $y = a(x - x_1)(x - x_2)$. Der Scheitelpunkt wird eingesetzt, um den Streck- bzw. Stauchfaktor zu berechnen.

   $$f(25) = 60 = a \cdot (-625) \Rightarrow a = -\frac{12}{125} \Rightarrow f(x) = -\frac{12}{125}x(x - 50)$$

b) (1) Ansatz: faktorisierte Form
       $x_S = -1$, $f(x_S) = 6$
       $f(x) = a(x + 3)^2$
       $f(-1) = 6 = a \cdot 4 \Rightarrow a = 1,5 \Rightarrow f(x) = 1,5(x + 3)^2$
   (2) Ansatz: Scheitelpunktform
       $x_S = 2$, $f(x_S) = -1$
       $f(x) = a(x - 2)^2 - 1$
       $f(0) = 3 = a \cdot 4 - 1 \Rightarrow a = 1 \Rightarrow f(x) = (x - 2)^2 - 1$
   (3) Ansatz: faktorisierte Form
       $f(x) = (x - 1)(x + 5)$

**155**  **20** *Parabel durch drei Punkte*

a)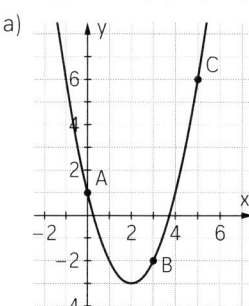

b) $f(0) = 1$, also $c = 1$, da c den y-Achsenabschnitt angibt.
$f(x) = a x^2 + b x + 1$
Punkt $B(3|-2)$: $a \cdot 3^2 + b \cdot 3 + 1 = -2 \Rightarrow 9a + 3b = -3$
Punkt $C(5|6)$: $a \cdot 5^2 + b \cdot 5 + 1 = 6 \Rightarrow 25a + 5b = 5$
Lineares Gleichungssystem lösen liefert:
$a = 1$; $b = -4$
$\Rightarrow f(x) = x^2 - 4x + 1$

**21** *Parabeln durch Punkte*

a) Stelle die Scheitelpunktform und berechne den fehlenden Parameter a durch Einsetzen des Punktes. $\Rightarrow f(x) = \frac{2}{9}(x + 2)^2 + 3$

b) Stelle drei Gleichungen durch Einsetzen der jeweiligen Punkte und löse das entstehende lineare Gleichungssystem. $c = 0$ ergibt sich direkt aus dem Punkt Q.
$\Rightarrow f(x) = \frac{5}{6}x^2 + \frac{1}{6}x$

c) Aus P und R kann man die Nullstellen ablesen, also kann man die faktorisierte Form hinschreiben und den noch unbekannten Parameter a durch Einsetzen des Punktes Q bestimmen. $\Rightarrow f(x) = -\frac{2}{3}(x + 2)(x - 3)$

d) Aus Symmetriegründen ist der x-Wert des Scheitelpunktes $x_S = 0,5$; die Parabel verläuft also durch $S(0,5|-10)$. Dann kann man mithilfe der Nullstellen die faktorisierte Form aufstellen und a durch Einsetzen des Scheitelpunktes bestimmen.
$\Rightarrow f(x) = \frac{40}{81}(x + 4)(x - 5)$

**22** *Wanted: Funktionsgleichungen*

a) Die zweite Nullstelle liegt bei $-2$. $f(x) = -\frac{1}{3}(x - 4)(x + 2)$
b) $f(x) = -(x + 2)^2 + 4$
c) $S(6|-4a)$ mit $a \in \mathbb{R}$, $f(x) = a(x - 4)(x - 8)$
d) $f(x) = -2x^2 + 3x + 5$
e) $f(x) = x$

**156**  **23** *Untersuchungen mit Makro*

a) Das Makro erzeugt eine lineare Funktion mit den Parametern m und b und der Variablen x. Gibt man für alle drei Eingaben Zahlen an, so erhält man den Funktionswert an der Stelle. Man kann so auch prüfen, ob Punkte auf einer Geraden liegen (siehe zweite und dritte Zeile im Screenshot im Buch) oder die Nullstellen finden (siehe vierte Zeile im Screenshot).

b) Schüleraktivität.

**24** *Ein Makro für quadratische Funktionen*

a) ■ $2x^2 - x + 3$
■ quafu $(x, -1,5, -9)$
■ Wie lautet der Funktionswert der Funktion $2x^2 + 1$ an der Stelle 3?
■ quafu $(8,2, -5,4) = 92$
■ Indem man $x = 0$ einsetzt.
■ Indem man den Parameter $a = 0$ einsetzt.

**156** **24** b) (1) Parabeln mit Scheitelpunkt, der entlang der y-Achse verschoben wird.

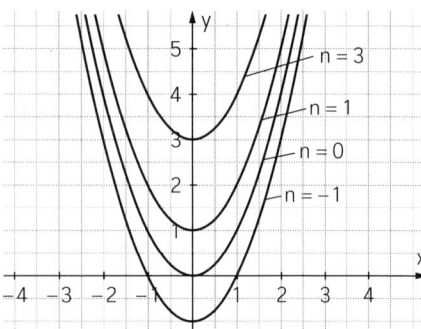

(2) Parabeln, die unterschiedlich gestreckt oder gestaucht sind, bei negativem a sind sie nach unten geöffnet.

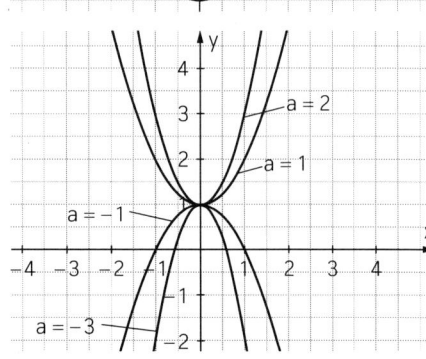

(3) Parabeln, deren Scheitelpunkt auf der x-Achse liegt, die durch den Parameter b nach links oder rechts verschoben werden.

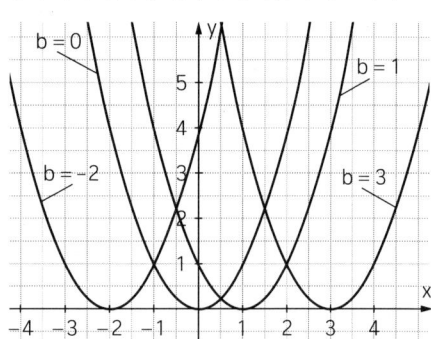

## Kopfübungen

1. $(-5) \cdot (-4) \cdot (-3) \cdot (-2) \cdot (-1) = -120$
2. Die Höhe wurde verdreifacht, daher wird der Flächeninhalt auch verdreifacht.
3. Die Wahrscheinlichkeit liegt bei $\frac{1}{144}$.
4. Das Volumen ist dann 48-mal so groß.
5. a) $7 < \sqrt{50} < 8$      b) $3 < \sqrt[3]{50} < 4$      c) $2 < \sqrt[4]{50} < 3$
6. $1, \frac{1}{4}, \frac{1}{9}, \frac{1}{16}, \frac{1}{25}$
7. $\alpha = 36°$

**157** **25** *Parabelscharen untersuchen*
a) Schüleraktivität. Skizze siehe rechts.

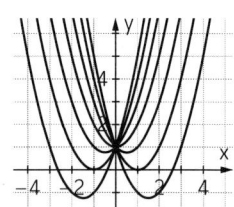

b) (1) $f(x) = x^2 + x + c$      (2) $f(x) = ax^2 + x + 1$
   (3) $f(x) = kx^2 + kx + 1$      (4) $f(x) = kx^2 + kx + k$

**157**  *Ein weiteres Makro*
Schüleraktivität.

**27** *Parabeln bewegen*
a) Die Zuordnung der Funktionen zu den Graphen geht am besten über die Scheitelpunkte:
$Y_1 \to$ Graph mit Scheitelpunkt $(1|2)$; $Y_2 \to$ Scheitelpunkt $(1|-1)$; $Y_3 \to$ Scheitelpunkt
$(5|2)$; $Y_4 \to$ Scheitelpunkt $(1|-2)$; $Y_5 \to$ Scheitelpunkt $(-1|2)$; $Y_6 \to$ Scheitelpunkt
$(-1|-2)$
$y_2 = (x-1)^2 - 1$; $y_3 = (x-5)^2 + 2$; $y_4 = -(x-1)^2 - 2$; $y_5 = (-x-1)^2 + 2$; $y_6 = -(-x-1)^2 - 2$

b) (1)

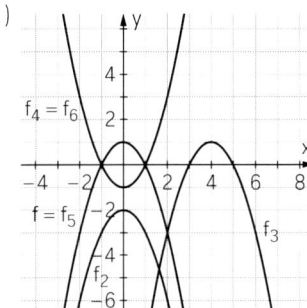

(2)

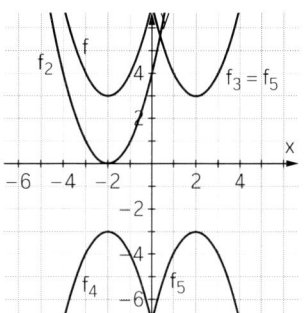

(3)

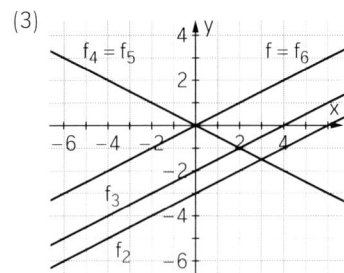

**158** **28** *Zielwerfen*
Schüleraktivität. Mit dieser Übung können die gelernten Inhalte dieses Kapitels spielerisch
gefestigt werden, was hoch motivierend wirken kann.

**29** *Parabelbilder*
a)

| $L_1$ | $L_2$ |
|---|---|
| $-3$ | $-4$ |
| $-1$ | $-2$ |
| $1$ | $0$ |
| $3$ | $2$ |
|  | $4$ |

$Y_1 = (X - L_1)^2$
$Y_2 = -(X - L_1)^2$
$Y_3 = (X - L_2)^2 + 1$
$Y_4 = (X - L_2)^2 - 1$
$Y_5 = (X - L_1)^2 + 2$
$Y_6 = (X - L_1)^2 - 2$

b) Schüleraktivität.

**30** *Viele Nullstellen*
a) Ein Produkt ist Null, wenn ein Faktor Null ist (siehe Seite 146).
Es liegen drei Faktoren vor, also drei Nullstellen. $x_1 = 1$; $x_2 = -2$; $x_3 = 3$
b) $y = x(x+3)(x+1)(x-3)$
c) $y = (x-1)(x-2)(x-3)(x-4)(x-5)(x-6)(x-7)(x-8)(x-9)(x-10)$
d) Schüleraktivität.

## 5.3 Quadratische Gleichungen

**159**

**1** *Ein Rettungsfloß*
Das Floß trifft nach etwa 2,2 s (abgelesen aus der Zeichnung) auf dem Wasser auf. Rechnerisch ergibt sich $h(t) = 0$ für $t = \sqrt{5} \approx 2{,}236$ Sekunden.

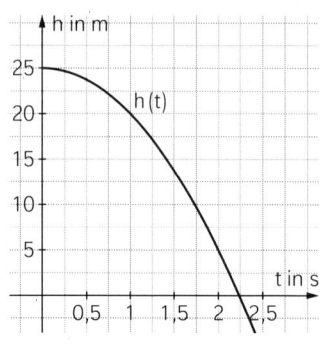

**2** *Ein Garten voller quadratischer Gleichungen*
(1) $x_1 = -7$; $x_2 = 7$  (2) $x = -1$  (3) $x_1 = 3$; $x_2 = 2$  (4) $x_1 = 0$; $x_2 = -6$

(5) $x_1 = 2$; $x_2 = -4$  (6) $x_1 = 0$; $x_2 = \frac{4}{3}$  (7) $x_1 = -2$; $x_2 = 2$  (8) $x_1 = -\sqrt{\frac{4}{3}}$; $x_2 = \sqrt{\frac{4}{3}}$

(9) $x_1 = -3$; $x_2 = 3$  (10) $x_1 = -1$; $x_2 = 4$  (11) $x = -\frac{1}{2}$  (12) $x = -3$

**160**

**3** *Was Nullstellen mit Lösungen quadratischer Gleichungen zu tun haben*

a)

| Gleichung | Lösungen | Anzahl der Lösungen | Zugehörige Funktion | Anzahl der Nullstellen |
|---|---|---|---|---|
| $x^2 - 5 = 0$ | $x_1 = \sqrt{5}$ $x_2 = -\sqrt{5}$ | 2 | $f(x) = x^2 - 5$ | 2 |
| $x \cdot (x - 4) = 0$ | $x_1 = 4$ $x_2 = 0$ | 2 | $f(x) = x \cdot (x - 4)$ | 2 |
| $x^2 = 0$ | $x = 0$ | 1 | $f(x) = x^2$ | 1 |
| $-x^2 + 16 = 0$ | $x_1 = 4$ $x_2 = -4$ | 2 | $f(x) = -x^2 + 16$ | 2 |
| $x^2 + 5 = 0$ | keine Lösung | 0 | $f(x) = x^2 + 5$ | 0 |
| $2 \cdot (x + 2) \cdot (x - 6)$ | $x_1 = -2$ $x_2 = 6$ | 2 | $f(x) = 2 \cdot (x + 2) \cdot (x - 6)$ | 1 |

b)

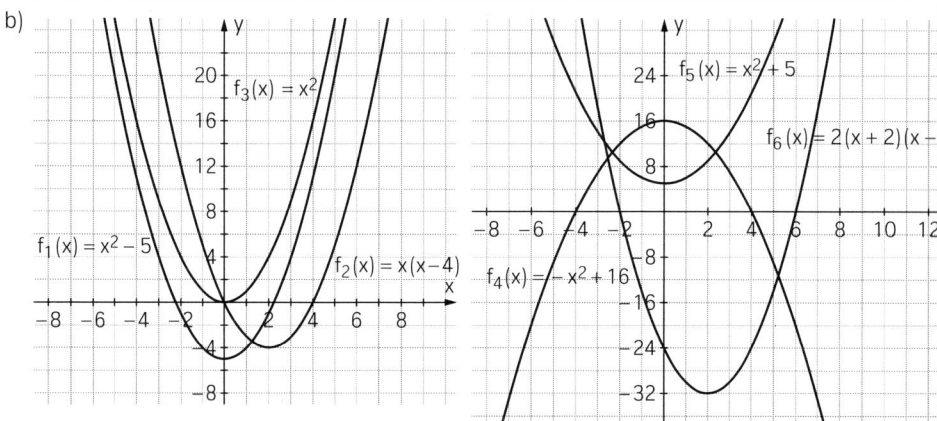

c) Die Anzahl der Lösungen einer quadratischen Gleichung entspricht der Anzahl der Nullstellen der dazugehörigen quadratischen Funktion. Die x-Werte der Nullstellen sind die Lösungen der quadratischen Gleichung.

**160**  **3**  d) $(x + 1)^2 - 6 = 0$  hat die Lösungen  $x_1 \approx 1,45$;  $x_2 \approx -3,45$.
$(x - 1)(x + 3) = 2$  hat ebenfalls die Lösungen  $x_1 \approx 1,45$;
$x_2 \approx -3,45$.
Die zugehörigen Funktionen sind identisch.

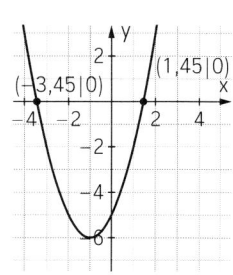

**4**  *Grafische Lösungen von quadratischen Gleichungen*
a) (1) $x^2 - 3x = 0$;  $x_1 = 0$;  $x_2 = 3$      (2) $-x^2 + 4x = 4$;  $x = 2$
  (3) $0,5x^2 - 4 = -2$;  $x_1 = -2$;  $x_2 = 2$      (4) $x^2 + 2x - 2 = -4$;  keine Lösung
Die Lösungen sind die x-Werte der Schnittpunkte der Parabel mit der jeweiligen
Geraden. Es gibt 2 Schnittpunkte (2 Lösungen) bei (1) und (3), einen Berührpunkt (eine
Lösung) bei (2) und keinen Schnittpunkt (keine Lösung) bei (4).
b) (1) $x_1 = 3$;  $x_2 = 1$      (2) $x_1 = -3$;  $x_2 = 5$

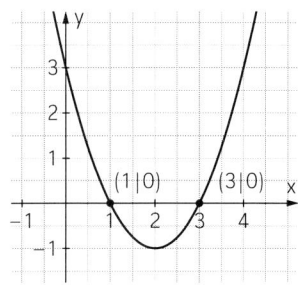
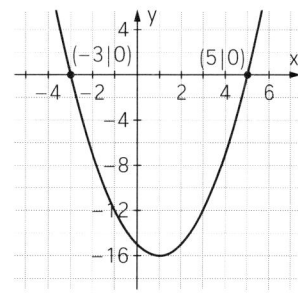

(3) $x_1 \approx 0,37$;  $x_2 \approx -5,37$

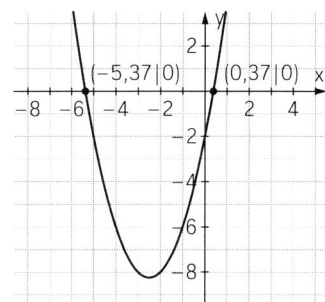

**162**  **5**  *Vier Trainingseinheiten*
(1) a) $L = \{-4; 4\}$      b) $L = \{-11; 11\}$      c) $L = \{-\sqrt{30}; \sqrt{30}\}$
  d) $L = \{-\sqrt{2}; \sqrt{2}\}$      e) $L = \{\ \}$      f) $L = \{-\frac{7}{3}; \frac{7}{3}\}$
  g) $L = \{-\frac{2}{5}; \frac{2}{5}\}$      h) $L = \{-2; 2\}$
(2) a) $L = \{-1; 7\}$      b) $L = \{-5 - \sqrt{10}; -5 + \sqrt{10}\}$   c) $L = \{-1; 2\}$
  d) $L = \{\ \}$      e) $L = \{-6; -2\}$      f) $L = \{-4 - \sqrt{5}; -4 + \sqrt{5}\}$
(3) a) $L = \{0; 6\}$      b) $L = \{0; 10\}$      c) $L = \{0; 2\}$
  d) $L = \{-2; 0\}$      e) $L = \{-\frac{5}{6}; 0\}$      f) $L = \{0\}$
(4) a) $L = \{-3; 2\}$      b) $L = \{-4; -2\}$      c) $L = \{0; 2\}$
  d) $L = \{-4; 9\}$      e) $L = \{-1\}$      f) $L = \{0; 2,5\}$

**162**

**6** *Nullstellen*

$f(x) = 0$ für

a) $x_1 = -\sqrt{10};\ x_2 = \sqrt{10}$      b) $x_1 = -2;\ x_2 = 2$      c) $x_1 = 0;\ x_2 = 3$

d) $x_1 = 0;\ x_2 = \dfrac{11}{2}$      e) $x_1 = -\sqrt{2};\ x_2 = \sqrt{2}$      f) $x_1 = -3;\ x_2 = 1$

**7** *Grafisches Lösen von quadratischen Gleichungen 1*

In den Schaubildern wird jeweils eine Parabel von einer Geraden geschnitten; die x-Werte dieser Schnittpunkte sind die Lösungen der jeweils gegebenen quadratischen Gleichung.

a) Schaubild (2): Parabel $f(x) = (x-2)^2$, Gerade $y = 4$
         Schnittpunkte $x_1 = 0$ und $x_2 = 4$

b) Schaubild (3): Parabel $f(x) = 0{,}5x^2$, Gerade $y = 2$
         Schnittpunkte $x_1 = -2$ und $x_2 = 2$

c) Schaubild (1): Parabel $f(x) = x^2 - 5x$, Gerade $y = 0$
         Schnittpunkte $x_1 = 0$ und $x_2 = 5$

**8** *Grafisches Lösen von quadratischen Gleichungen 2*

(1) Die x-Werte der Schnittpunkte der roten und blauen Parabel sind die Lösungen der quadratischen Gleichung.
     Schnittpunkte $x_1 = -\sqrt{3} \approx -1{,}73;\ x_2 = \sqrt{3} \approx 1{,}73$

(2) Die x-Werte der Schnittpunkte der roten Parabel mit der Geraden sind die Lösungen der quadratischen Gleichung.
     Schnittpunkte $x_1 = -\dfrac{1}{2} - \sqrt{\dfrac{26}{4}} \approx -3;\ x_2 = -\dfrac{1}{2} + \sqrt{\dfrac{26}{4}} \approx 2$

(3) Die x-Werte der Schnittpunkte der blauen Parabel mit der Geraden sind die Lösungen der quadratischen Gleichung.
     Schnittpunkt $x_1 = \dfrac{1}{2}$

**163**

**9** *Zwei Lösungsversuche mit Tabelle und Graph*

**Anmerkung zur ersten Auflage:** Dies war dort Aufgabe 10.

Jannik kann der Tabelle entnehmen, dass die Gleichung eine Lösung für x hat, die zwischen 4,162 und 4,163 liegt, gerundet also bei $x \approx 4{,}16$. Aus der Tabelle kann man ferner entnehmen, dass der Graph der Funktion $f(x) = x^2 - 2x - 9$ die x-Achse von unten nach oben „schneidet". Da der Graph eine nach oben geöffnete Parabel ist, muss links von der gefundenen Lösung noch eine weitere Lösung liegen. Mit der Wertetabelle ermittelt man $x_2 \approx -2{,}16$ (gerundet). Mona findet mithilfe der „Zero"-Funktion nur eine Näherungslösung. Denn die Probe zeigt: $f(4{,}162\,277) = 0{,}000\,000\,251\,9 \approx 0$.

**10** *Eine Variation beim grafisch-tabellarischen Lösen von Gleichungen*

**Anmerkung zur ersten Auflage:** Dies war dort Aufgabe 9.

Ilona kann nun die Nullstelle(n) von $Y_3$ entweder am Graphen oder in der Tabelle suchen und erhält damit die Lösung(en) der Gleichung. Die Lösungen sind $x_1 = 3$ und $x_2 = -2$.

**164**

**11** *Training*

a) $L = \{x_1 \approx 0{,}586;\ x_2 \approx 3{,}414\}$      b) $L = \{x_1 \approx -3{,}646;\ x_2 \approx 1{,}646\}$

c) $L = \{x_1 = -1{,}750;\ x_2 = 2{,}000\}$      d) $L = \{x_1 = -2{,}333;\ x_2 = 3{,}000\}$

e) $L = \{x_1 = -5{,}000;\ x_2 = 8{,}000\}$      f) $L = \{x_1 \approx -4{,}414;\ x_2 \approx -1{,}586\}$

Der Taschenrechner findet bei quadratischen Gleichungen häufig nicht die exakte Lösung, weil er Brüche $\left(\text{z. B. } \dfrac{1}{3}\right)$ und Wurzelterme $\left(\text{z. B. } \sqrt{2}\right)$ in endlose Dezimalbrüche umrechnet, die er dann wegen der begrenzten Anzeige rundet. Manchmal kann auch die begrenzte Anzeige allein schon nicht für die Wiedergabe einer exakten Lösung reichen.

**164**  [12] *Quadratische Gleichungen und binomische Formeln*

a) $(x + 2)^2 = 1$
$L = \{-3; -1\}$

b) $(x - 3)^2 = 4$
$L = \{1; 5\}$

c) $(x + 4)^2 = 0$
$L = \{-4\}$

d) $(x + 2{,}5)^2 = 9$
$L = \{-5{,}5; 0{,}5\}$

e) keine bin. Formel
$L = \{-5 - \sqrt{50}; \ -5 + \sqrt{50}\}$

f) keine bin. Formel
$L = \{\ \}$

g) $(x + 11)(x - 11) = 0$
$L = \{-11; 11\}$

h) keine bin. Formel
$L = \{7(1 - \sqrt{2}); \ 7(1 + \sqrt{2})\}$

i) $(x - 0{,}4)^2 = 0$
$L = \{0{,}4\}$

[13] *Entdeckung eines allgemeinen Verfahrens*

a) $(x + 3)^2 = 3$ $\qquad L = \{-3 - \sqrt{3}; \ -3 + \sqrt{3}\}$

b) Addition von 1 auf beiden Seiten der Gleichung führt zu:
$(x + 3)^2 = 16$ $\qquad L = \{-7; 1\}$

c) $(x - 2)^2 = 6$ $\qquad L = \{2 - \sqrt{6}; \ 2 + \sqrt{6}\}$

d) Subtraktion von 6 auf beiden Seiten der Gleichung führt zu:
$(x - 2)^2 = 16$ $\qquad L = \{-2; 6\}$

e) $(x + 5)^2 = 0$ $\qquad L = \{-5\}$

f) Addition von 5 auf beiden Seiten der Gleichung führt zu:
$(x + 5)^2 = 5$ $\qquad L = \{-5 - \sqrt{5}; \ -5 + \sqrt{5}\}$

[14] *Mathe ohne Worte*

a) Umformen zu: $(x + 5)^2 = 64 \Rightarrow x_1 = 3; \ x_2 = -13$

b) Umformen zu: $(x - 6)^2 = 25 \Rightarrow x_1 = 1; \ x_2 = 11$

c) Umformen zu: $(x - 4)^2 = 20 \Rightarrow x_1 = 4 + \sqrt{20}; \ x_2 = 4 - \sqrt{20}$

d) Umformen zu: $(x + 2)^2 = -1 \Rightarrow L = \{\ \}$

**165**  [15] *Eine Trainingseinheit zum Lösen mit quadratischer Ergänzung*

a) $x^2 + (-6)x - 9 = 0;$ $\qquad L = \{3 - \sqrt{18}; 3 + \sqrt{18}\}$

b) $x^2 + 16x - 40 = 0,$ $\qquad L = \{-8 - \sqrt{104}; -8 + \sqrt{104}\}$

c) $x^2 + (-8)x - 20 = 0,$ $\qquad L = \{-2; 10\}$

d) $x^2 + 7x - 26 = 0,$ $\qquad L = \left\{-\frac{7}{2} - \frac{1}{2}\sqrt{153}; -\frac{7}{2} + \frac{1}{2}\sqrt{153}\right\}$

e) $x^2 + 6 = 0,$ $\qquad L = \{\ \}$

f) $x^2 + (-1{,}5)x - 6 = 0,$ $\qquad L = \left\{\frac{3}{4} - \frac{1}{4}\sqrt{105}; \frac{3}{4} + \frac{1}{4}\sqrt{105}\right\}$

g) $x^2 - 2x - 1 = 0,$ $\qquad L = \{1 - \sqrt{2}; 1 + \sqrt{2}\}$

h) $x^2 - 8x + 11 = 0,$ $\qquad L = \{4 - \sqrt{5}; 4 + \sqrt{5}\}$

i) $x^2 - 3x + 2{,}5 = 0,$ $\qquad L = \{\ \}$

[16] *Quadratische Gleichungen in Allgemeinform*

a) $x_1 = 2 + \sqrt{2}, \ x_2 = 2 - \sqrt{2}$

b) $x_1 = -3{,}65, \ x_2 = 1{,}65$

c) $x = 1$

d) keine Lösung

e) $x_1 = -1, \ x_2 = 4$

f) keine Lösung

**165**   **17**  *Die Entwicklung einer Formel*

$$x^2 + px + q = 0 \qquad\qquad |-q$$
$$x^2 + px = -q \qquad\qquad |\text{quadratische Ergänzung}$$
$$x^2 + px + \left(\frac{p}{2}\right)^2 = \left(\frac{p}{2}\right)^2 - q \qquad |\text{bin. Formel}$$
$$\left(x + \frac{p}{2}\right)^2 = \left(\frac{p}{2}\right)^2 - q \qquad |\text{Wurzelziehen}$$
$$x + \frac{p}{2} = \sqrt{\left(\frac{p}{2}\right)^2 - q} \text{ oder } x + \frac{p}{2} = -\sqrt{\left(\frac{p}{2}\right)^2 - q} \quad \left|-\frac{p}{2}\right.$$
$$x = -\frac{p}{2} + \sqrt{\left(\frac{p}{2}\right)^2 - q} \text{ oder } x = -\frac{p}{2} - \sqrt{\left(\frac{p}{2}\right)^2 - q}$$

Kurzschreibweise: $x_{1,2} = -\frac{p}{2} \pm \sqrt{\left(\frac{p}{2}\right)^2 - q}$ bzw. $x_{1,2} = -\frac{p}{2} \pm \sqrt{\frac{p^2}{4} - q}$

$$L = \left\{ -\frac{p}{2} + \sqrt{\left(\frac{p}{2}\right)^2 - q}; \ -\frac{p}{2} - \sqrt{\left(\frac{p}{2}\right)^2 - q} \right\}$$

**166**   **18**  *Eine Trainingseinheit zur pq-Formel*

a) $L = \{-5; 2\}$      b) $L = \{-8; 1\}$      c) $L = \{-2; -0,5\}$

d) $L = \{-2; 4\}$      e) $L = \{-4; 3\}$      f) $L = \left\{2 - \sqrt{11}; 2 + \sqrt{11}\right\}$

g) $L = \{-3; 3\}$      h) $L = \{-1; 0; 4\}$      i) $L = \{-1; 5; 8\}$

**19**  *Welches Verfahren ist das günstigste?*

a) ■ $x = \sqrt{25}$, $x_1 = 5$, $x_2 = -5$

   ■ $x + 4 = \sqrt{15}$, $x_1 = -4 - \sqrt{15}$, $x_2 = -4 + \sqrt{15}$

   ■ $3x(x - 5) = 0$, $x_1 = 0$, $x_2 = 5$

   ■ $(x - 6)^2 = 26$, $x_1 = 6 - \sqrt{26}$, $x_2 = 6 + \sqrt{26}$

   ■ $x_{1,2} = \frac{8}{6} \pm \sqrt{\left(\frac{8}{6}\right)^2 + 5} = \frac{4}{3} \pm \sqrt{\frac{61}{9}}$

b) Wurzelziehen geht schneller.

c) (1) pq-Formel: $L = \left\{-\frac{2}{3}; 2\right\}$       (2) Wurzelziehen: $L = \left\{-7 - \sqrt{5}; -7 + \sqrt{5}\right\}$

   (3) Ausklammern: $L = \left\{0; \frac{1}{3}\right\}$       (4) Wurzelziehen: $L = \left\{-\sqrt{2}; \sqrt{2}\right\}$

   (5) Quadratisches Ergänzen/Binomische Formel: $L = \{-7\}$

   (6) Ausklammern: $L = \{-20; 0\}$

   (7) Wurzelziehen: $L = \{-9; 3\}$       (8) „Produkt = 0"-Regel: $L = \{-6; 4\}$

**167**   **20**  *Verständnisfragen*

a) Der Term $x^2$ ist stets positiv, d. h. $x^2 + 100 > 0$.

b) Falls a und b die gleichen Vorzeichen besitzen, gibt es keine Lösung.

c) $x^2 - rx = x(x - r) = 0$ hat immer eine Lösung, da ein Produkt Null ist, wenn einer der Faktoren Null ergibt. Das Produkt wird Null, falls $x_1 = 0$ oder $x_2 = r$.

**21**  *pq-Formel und Anzahl der Lösungen*

a) Wenn der Term unter der Wurzel in der pq-Formel negativ ist, hat die Parabel keine Nullstelle, wenn sie null ist, hat sie genau ein Nullstelle, und sonst zwei Nullstellen.

b) In diesem Fall ist der Term unter der Wurzel immer echt größer Null, also gibt es immer zwei Nullstellen.

c) In dem Fall lautet die pq-Formel: $x_{1,2} = -\frac{p}{2} \pm \sqrt{\frac{p^2}{4} - q} = -\frac{p}{2} \pm \sqrt{\frac{4q}{4} - q} = -\frac{p}{2}$

**167** 〔**22**〕 *Lösungen und Scheitelpunktform*

a) $a > 0$ und $e > 0$ $\Rightarrow$ keine Nullstelle

$a > 0$ und $e = 0$ $\Rightarrow$ eine Nullstelle

$a > 0$ und $e < 0$ $\Rightarrow$ zwei Nullstellen

$a < 0$ und $e < 0$ $\Rightarrow$ keine Nullstelle

$a < 0$ und $e = 0$ $\Rightarrow$ eine Nullstelle

$a < 0$ und $e > 0$ $\Rightarrow$ zwei Nullstellen

b) Die Lösungen einer quadratischen Gleichung sind die Nullstellen der zugehörigen quadratischen Funktion.

〔**23**〕 *Lösungen und Diskriminante*

a) Die Diskriminante $\frac{p^2}{4} - q$ ist in der Lösungsformel (siehe Lehrbuch Seite 109) der Radikand. Ist der Radikand positiv, kann man die Wurzel ziehen und erhält zwei unterschiedliche Lösungen, ist der Radikand 0, so ist die Wurzel 0 und damit $x_1 = x_2$, es gibt also nur eine Lösung. Ist der Radikand negativ, so kann man die Wurzel nicht ziehen. Es gibt also keine Lösung.

b) (1) $D = 12$, $\qquad L = \left\{ 2 - \sqrt{12}; 2 + \sqrt{12} \right\}$

(2) $D = 0$, $\qquad L = \{5\}$

(3) $D = 5{,}0625$, $\qquad L = \{-3{,}8125; 6{,}3125\}$

(4) $D = -4$, $\qquad L = \{\ \}$

c) Da es sich beim Umformen der allgemeinen Form in die Normalform um eine Äquivalenzumformung handelt, haben sie dieselbe Anzahl an Lösungen.

〔**24**〕 *Lösungen und Graphen*

a) Umformen in Scheitelpunktform:

$f(x) = x^2 + px + q$ $\qquad$ quadratische Ergänzung

$\quad = x^2 + px + \left(\frac{p}{2}\right)^2 - \left(\frac{p}{2}\right)^2 + q$

$\quad = \left(x + \frac{p}{2}\right)^2 - \frac{p^2}{4} + q$

Scheitelpunkt $SP\left(-\frac{p}{2} \middle| -\frac{p^2}{4} + q\right)$

b)

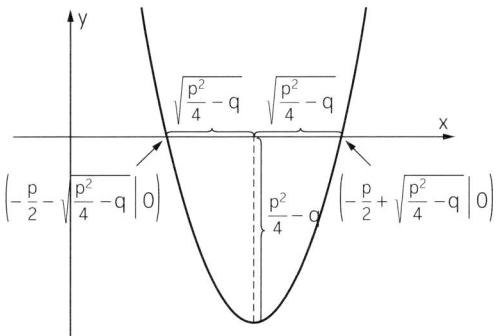

- Der Wert der Diskriminante entscheidet über die Anzahl der Nullstellen.
- Der y-Wert des Scheitelpunkts entspricht dem Wert der Diskriminante mit gegenteiligem Vorzeichen.
- Abstand der x-Werte der Nullstellen zum x-Wert des Scheitelpunkts.

**168** **25** *Lösungen und Symmetrie*

Es wurden x-Werte zu bestimmten Funktionswerten gesucht.
Der Term unter der Wurzel geht in einer Lösung mit positivem und in einer Lösung mit
negativem Vorzeichen ein. Daran erkennt man die Symmetrie (vergleiche auch die Grafik in
der Lösung zu Aufgabe 24).

**26** *Quadratische Gleichungen bauen*

a) $(x - 5) \cdot (x - 2) = 0$;    $x^2 - 7x + 10 = 0$
b) $(x - 7)^2 = 0$;    $x^2 - 14x + 49 = 0$
c) $(x + 5) \cdot x = 0$;    $x^2 + 7x = 2x$
d) $x^2 + x - 7 = x + 6$;    $x^2 - 13 = 0$
e) $(x + 3) \cdot (x - 6) = 0$;    $x^2 - 3x - 18 = 0$
f) $(x - \sqrt{2}) \cdot (x - 5) = 0$;    $x^2 - (\sqrt{2} + 5)x + 5\sqrt{2} = 0$

**27** *Quadratische Gleichungen mit einem CAS*

a) $x^2 - 3x + 1 = 0 \Rightarrow p = -3, \ q = 1$

$$x_{1,2} = -\frac{-3}{2} \pm \sqrt{\frac{(-3)^2}{4} - 1} = \frac{3}{2} \pm \sqrt{\frac{9}{4} - \frac{4}{4}} = \frac{3}{2} \pm \frac{\sqrt{5}}{2}$$

$$x_1 = \frac{3 + \sqrt{5}}{2}; \ x_2 = \frac{3 - \sqrt{5}}{2}$$

b) $x_1 = -\frac{p}{2} + \sqrt{\frac{p^2}{4} - q} = -\frac{p}{2} + \sqrt{\frac{p^2}{4} - \frac{4q}{4}} = -\frac{p}{2} + \frac{\sqrt{p^2 - 4q}}{2} = \frac{-p + \sqrt{p^2 - 4q}}{2} = \frac{\sqrt{p^2 - 4q} - p}{2}$

$x_2$ analog zu $x_1 : x_2 = \frac{-p - \sqrt{p^2 - 4q}}{2} = \frac{-\left(p + \sqrt{p^2 - 4q}\right)}{2}$

**28** *Die abc-Formel*

a) $x_1 = \frac{\sqrt{b^2 - 4ac} - b}{2a}$,   $x_2 = \frac{-\left(\sqrt{b^2 - 4ac} + b\right)}{2a}$

b) (1) $x_1 = -1$, $x_2 = \frac{7}{2}$    (2) $x_1 = -\frac{\left(\sqrt{329} - 3\right)}{16}$,   $x_2 = \frac{\sqrt{329} + 3}{16}$    (3) $x_1 = -5{,}06$, $x_2 = 405{,}06$

c) ■ quagl(1, p, q)
   ■ Gleichungen der Form $x_2 = -a$, es werden also im Prinzip einfach Wurzeln gezogen.
   ■ Nullstellen von einer linearen Gleichung $y = mx + b$

## Kopfübungen

1. $\sqrt{3 \cdot 27} \cdot \sqrt{10 \cdot 40} = \sqrt{81} \cdot \sqrt{400} = 9 \cdot 20 = 180$
2. Ein Parallelogramm lässt sich bereits eindeutig konstruieren, wenn man drei Werte kennt. $\left(\text{z. B.}\right.$ zwei Seiten und einen Winkel, Seite(n) und Diagonale(n)$\left.\right)$
3. $x = -2$
4. $O = 4\pi$
5. $\sqrt{3} + \sqrt{6}$; $3\sqrt{3} - \sqrt{2}$; 4
6. z.B. 1, 3, 4, 4, 5, 9
7. $y = -5x$

| x | −2 | −1 | 0 | 1 | 2 |
|---|---|---|---|---|---|
| y | 10 | 5 | 0 | −5 | −10 |

**169** **29** *Anzahl der Lösungen finden – eine Fallunterscheidung wird benötigt*

a) Die Gleichung (1) passt zu Bild B:      Die Gleichung (2) passt zu Bild A:
   ■ eine Lösung für $k = 4$            ■ eine Lösung für $k = 6$ oder $k = -6$
   ■ zwei Lösungen für $k < 4$          ■ zwei Lösungen für $k > 6$ oder $k < -6$
   ■ keine Lösung für $k > 4$           ■ keine Lösung für $-6 < k < 6$

**169** · 29 · b) (1) $D = \left(\frac{4}{2}\right)^2 - k = 4 - k$

$\quad\quad D = 0$ für $k = 4$

$\quad\quad D < 0$ für $k > 4$

$\quad\quad D > 0$ für $k < 4$

$\quad$ (2) $D = \left(\frac{k}{2}\right)^2 - 9 = \frac{k^2}{4} - 9$

$\quad\quad D = 0$ für $k = 6$ oder $k = -6$

$\quad\quad D < 0$ für $-6 < k < 6$

$\quad\quad D > 0$ für $k > 6$ oder $k < -6$

30 · *Ein arabisches Lösungsverfahren*

a) $A_{\text{großes Quadrat}} = 9\,\text{cm}^2 + 4 \cdot 4\,\text{cm}^2 = 25\,\text{cm}^2$

$\quad a_{\text{großes Quadrat}} = 5\,\text{cm}$

$\quad 2 + x + 2 = 5 \Rightarrow x = 1$

$\quad$ Lösung der quadratischen Gleichung: $x_1 = 1$

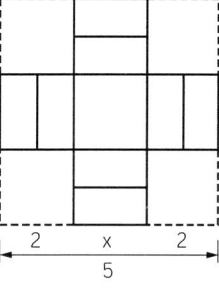

b) $A_{\text{großes Quadrat}} = 125\,\text{cm}^2 + 4 \cdot 25\,\text{cm}^2 = 225\,\text{cm}^2$

$\quad a_{\text{großes Quadrat}} = 15\,\text{cm}$

$\quad 5 + x + 5 = 15 \Rightarrow x = 5$

$\quad$ Lösung der quadratischen Gleichung: $x_1 = 5$

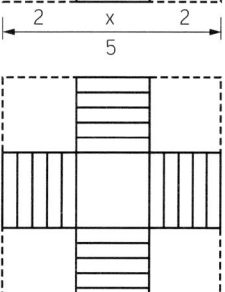

c) $A_{\text{großes Quadrat}} = 60\,\text{cm}^2 + 4 \cdot 49\,\text{cm}^2 = 256\,\text{cm}^2$

$\quad a_{\text{großes Quadrat}} = 16\,\text{cm}$

$\quad 7 + x + 7 = 16 \Rightarrow x = 2$

$\quad$ Lösung der quadratischen Gleichung: $x_1 = 2$

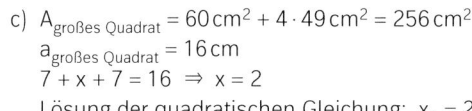

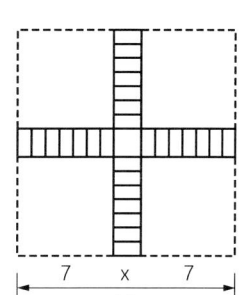

d) $A_{\text{großes Quadrat}} = 0\,\text{cm}^2 + 4 \cdot 1\,\text{cm}^2 = 4\,\text{cm}^2$

$\quad a_{\text{großes Quadrat}} = 2\,\text{cm}$

$\quad 1 + x + 1 = 2 \Rightarrow x = 0$

$\quad$ Lösung der quadratischen Gleichung: $x_1 = 0$

Mit diesem Verfahren findet man nur positive Lösungen der quadratischen Gleichung.

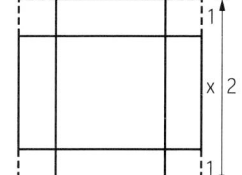

**170** **31** *Forschungsaufträge*
**Auftrag 1:**
a) $L = \{3; 5\}$ b) $L = \{-7; -2\}$ c) $L = \{-2; 7\}$
Feststellung: $x_1 + x_2 = -p$ und $x_1 \cdot x_2 = q$
**Auftrag 2:**
$(x - 3)(x - 5) = x^2 - (3 + 5)x + 3 \cdot 5 = x^2 - 8x + 15 = 0$
Man kommt hier auf die gleiche Beobachtung wie in Auftrag 1.
**Auftrag 3:**
$(x - x_1)(x - x_2) = x^2 - (x_1 + x_2)x + x_1 \cdot x_2 = 0$
In allgemein aufgeschriebener Form bestätigen sich die Vermutungen aus Auftrag 1.

**32** *Quadratische Gleichungen mit Vieta lösen*
a) $L = \{-4; -3\}$ b) $L = \{-6; -3\}$ c) $L = \{2\}$
d) $L = \{2; 4\}$ e) $L = \{3; 10\}$ f) $L = \{-10; 8\}$

**33** *„Höhere" Gleichungen*
$(x - a)(x - b)(x - c) = (x^2 - (a + b)x + ab)(x - c)$
$\qquad = x^3 - cx^2 - (a + b)x^2 + (a + b)cx + abx - abc$
$\qquad = x^3 - (a + b + c)x^2 + (ab + ac + bc)x - abc$
Also: $-p = a + b + c$; $q = ab + ac + bc$; $r = -abc$

**171** **34** *Der goldene Schnitt*
a) $\dfrac{b}{a} = \dfrac{a}{a + b}$
$a^2 - ab - b^2 = 0$
$a_{1,2} = \dfrac{b}{2} \pm \sqrt{\dfrac{b^2}{4} + b^2}$
$a_{1,2} = \dfrac{b}{2} \pm \sqrt{\dfrac{b^2 + 4b^2}{4}}$
$a_{1,2} = \dfrac{b}{2} \pm \dfrac{b\sqrt{5}}{2}$
Bemerkung: Da negative Strecken keinen Sinn ergeben, kann die zweite Lösung außer Acht gelassen werden.
$a = \dfrac{b}{2} + \dfrac{b\sqrt{5}}{2}$
$\Rightarrow \dfrac{b}{a} = \dfrac{2}{1 + \sqrt{5}} = \dfrac{\sqrt{5} - 1}{2} \approx 0{,}618$
Es gilt:
$\dfrac{a}{a + b} = \dfrac{\sqrt{5} - 1}{2}$
$\Rightarrow a = \dfrac{\sqrt{5} - 1}{2}(a + b)$

Mit $a = \overline{AT}$ und $a + b = \overline{AB}$ ergibt sich daraus $\overline{AT} = \dfrac{\sqrt{5} - 1}{2} \cdot \overline{AB} \approx 0{,}618 \cdot \overline{AB}$.

· b) ■ (1) Zeichne eine Strecke $\overline{AB}$ mit beliebiger Länge. Fälle das Lot mit Fußpunkt B auf die Strecke $\overline{AB}$.

(2) Trage nun von B aus auf dieses Lot die Hälfte der Strecke $\overline{AB}$ ab. Bezeichne den Endpunkt der Strecke mit C. Verbinde den Punkt A mit dem Punkt C. Es entsteht ein rechtwinkliges Dreieck. Trage danach die Länge der Strecke $\overline{BC}$ von C aus auf $\overline{AC}$ ab. Bezeichne den Schnittpunkt auf der Strecke $\overline{AC}$ mit D.

(3) Trage die Länge der Strecke $\overline{AD}$ von A aus auf $\overline{AB}$ ab. Bezeichne den Schnittpunkt auf der Strecke $\overline{AB}$ mit T.

**171** 34 b) ■ Mit dem Satz von Pythagoras gilt:
$$(\overline{AB})^2 + (\overline{BC})^2 = (\overline{AC})^2$$
$$x^2 + (0{,}5x)^2 = (\overline{AC})^2$$
$$\overline{AC} = \frac{\sqrt{5}}{2}x$$
Bemerkung: Die negative Lösung ist nicht relevant.
Da $\overline{CD} = \overline{BC} = 0{,}5x$ folgt:
$$\overline{AD} = \overline{AC} - \overline{CD} = \frac{\sqrt{5}}{2}x - 0{,}5x = \frac{\sqrt{5}-1}{2}x$$
Nach Konstruktion ist $\overline{AD} = \overline{AT}$ und somit $\overline{AD} = \frac{\sqrt{5}-1}{2}\,\overline{AB}$.

c) ■ 1, 1, 2, 3, 5, 8, 13, 21, 34, 55, 89, ...

■ Quotienten: $\frac{1}{1}, \frac{1}{2}, \frac{2}{3}, \frac{3}{5}, \frac{5}{8}, \frac{8}{13}, \frac{13}{21}, \frac{21}{34}, \frac{34}{55}, \cdots$

■ Quotienten in Dezimaldarstellung:
1; 0,5; 0,67; 0,6; 0,625; 0,615; 0,619; 0,618; 0,618; ...
Es fällt auf, dass sich der Wert der Quotienten zweier aufeinanderfolgender Fibonacci-Zahlen bei 0,618 einpendelt. Den goldenen Schnitt erhält man also in einer Näherung, indem man eine Fibonacci-Zahl durch die vorhergehende Zahl teilt.

d) In c) haben wir festgestellt, dass der Quotient eine Näherung für den goldenen Schnitt ist. Also kann man sagen, dass die entstehenden Rechtecke näherungsweise dem goldenen Schnitt entsprechen.

## 5.4 Modellieren mit Daten

**172** 1 *Snowboarding*

a)
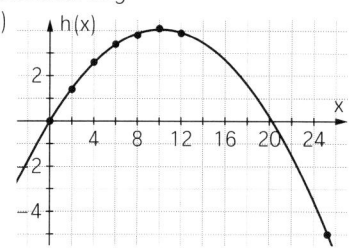

b) $A(x) = -0{,}041(x-10)^2 + 4{,}1$    $B(x) = -0{,}039x(x-20)$    $C(x) = -0{,}043x^2 + 0{,}825x$

| x | h(x) gemessen | A(x) | B(x) | C(x) |
|---|---|---|---|---|
| 0 | 0 | 0 | 0 | 0 |
| 2 | 1,4 | 1,476 | 1,404 | 1,478 |
| 4 | 2,6 | 2,624 | 2,496 | 2,612 |
| 6 | 3,4 | 3,444 | 3,276 | 3,402 |
| 8 | 3,8 | 3,936 | 3,744 | 3,848 |
| 10 | 4,1 | 4,1 | 3,9 | 3,95 |
| 12 | 3,9 | 3,936 | 3,744 | 3,708 |

Die errechneten Höhen weichen nur geringfügig von den gemessenen ab.
Das quadratische Modell bildet die Wirklichkeit recht gut ab.
$A(x) = -5 \Rightarrow (x-10)^2 = 221{,}91 \Rightarrow x_{1,2} = 10 \pm 14{,}9$
$x_1 = 24{,}9$ und $x_2 = -4{,}9$, $x_2$ ist keine Lösung des Sachproblems.
$B(x) = -5 \Rightarrow x^2 - 20x - 128{,}21 = 0 \Rightarrow x_1 = 25{,}1$ und $x_2 = -5{,}1$,
$x_2$ ist keine sinnvolle Lösung des Sachproblems.
$C(x) = -5 \Rightarrow x^2 - 19{,}19x - 116{,}28 = 0 \Rightarrow x_1 = 24$ und $x_2 = -4{,}8$
$x_2$ ist keine sinnvolle Lösung des Sachproblems.

**174**

**2** *Weitere Modelle für den Basketballflug*
Weitere Modelle lassen sich z.B. durch die Wahl anderer Punkte erzeugen.

**3** *Eine Wasserkanone*
Man legt den Ausgangspunkt des Wasserstrahls in den Ursprung des Koordinatensystems.
Dann hat man Nullstellen bei 0 und 30 und den Scheitelpunkt aus Symmetriegründen bei
$S(15|15)$. Daraus ergibt sich: $f(x) = -\frac{1}{15}x(x-30)$

**4** *Parabeln im Sport*
a) Nullstellen $x_1 = 0$; $x_2 = 5$; Scheitelpunkt $S(2,5|0,5)$
$\Rightarrow f(x) = -0,08x(x-5)$
b) Nullstelle $x_1 = 4,2$; Scheitelpunkt $S(2|3)$; Nullstelle $x_2 = -0,2$
$\Rightarrow f(x) = -0,62(x+0,2)(x-4,2)$

**5** *Korb oder kein Korb?*
(1) Modell für Punkte A, B und C
$f_1(x) = -0,43x^2 + 1,87x + 1,77$
$f_1(3,4) = 3,45$, d.h. der Punkt D passt nicht zum errechneten Modell.
(2) Modell für Punkte A, B und D
$f_2(x) = -0,36x^2 + 1,75x + 1,81$
$f_2(1,2) = 3,88$, d.h. der Punkt C passt fast zum errechneten Modell.
(3) Modell für Punkte B, C und D
$f_3(x) = -0,26x^2 + 1,34x + 2,17$
$f_3(0,5) = 2,77$, d.h. der Punkt A passt nicht zum errechneten Modell.
Für die weitere Rechnung verwenden wir also das Modell (2).
$f_2(4,6) = 2,29$, d.h. der Ball landet bei einem Wurf von der Freiwurflinie, die 4,6 m entfernt
ist, nicht im Korb. Hier erreicht der Ball nach 4,6 m eine Höhe von 2,29 m und nicht die
nötigen 3,05 m.

**175**

**6** *Parabeln im Sport mit Regression und Schiebereglern*
(1) „Parabeln im Sport"
a) Z.B.:

| x | y |
|---|---|
| 0 | 0 |
| 1 | 0,25 |
| 2 | 0,4 |
| 2,5 | 0,5 |
| 3 | 0,4 |
| 4 | 0,25 |
| 5 | 0 |

Quadratische Regression:
$a = -0,0711484$
$b = 0,35574229$
$c = -0,009663$
$r^2 = 0,973092$

b) Z.B.:

| x | y |
|---|---|
| 0 | 1,2 |
| 1 | 2,4 |
| 2 | 3 |
| 3 | 2,8 |
| 4 | 1,5 |
| 4,2 | 0 |

Quadratische Regression:
$a = -0,524 0948$
$b = 2,07729065$
$c = 1,06172532$
$r^2 = 0,89405595$

**175** **6** (2) „Korbwurf"

Z.B.:

| x | y |
|---|---|
| 0 | 1,6 |
| 0,9 | 3,2 |
| 1,9 | 4 |
| 3,4 | 3,7 |

Quadratische Regression:
$a = -0,4409227$
$b = 2,10981681$
$c = 1,61627016$
$r^2 = 0,99906959$

**7** *Bremsen bei nasser Fahrbahn*

Geschwindigkeit v in km/h und Bremsweglänge in m.
Mit quadratischer Regression folgt:
$b(v) = 0,017 v^2 - 0,32 v + 5,65$
Die Faustregel für trockene Fahrbahnen lautet $b(v) = 0,01 v^2$.
Der Bremsweg verlängert sich also auf nasser Fahrbahn wesentlich.

**176** **8** *Einwohner der USA*

a) Streudiagramm siehe Schülerbuch.
   Ein linearer Zusammenhang würde bedeuten, dass die Bevölkerung proportional zur Zeit wächst. Es müssten also die Geburtenrate und die Sterberate in jedem Jahr übereinstimmen. Dies ist allerdings in der Realität nicht gegeben.
   Mit quadratischer Regression folgt:
   $f(x) = 0,0068 x^2 - 0,1053 x + 5,4868$

b) Wir gehen vom Jahr 2016 aus, also $x = 226$:
   $f(226) = 329$
   Das Modell stellt die aktuelle Einwohnerzahl der USA fast korrekt da. Fügt man den aktuellen Wert von 316 Mio. Einwohner hinzu, folgt mit quadratischer Regression:
   $f(x) = 0,0065 x^2 - 0,0661 x + 4,799$

**9** *Futterzusatz und Gewichtszunahme*

a)

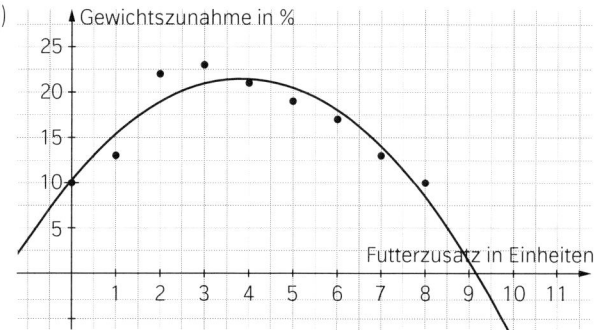

b) Der Taschenrechner liefert folgendes Ergebnis:
   $y = -0,76 x^2 + 5,86 x + 10,27$

c) Scheitelpunkt $S(3,84 | 21,54)$
   Bei 3,84 Einheiten Futterzusatz ist die Gewichtzunahme am größten.

**176** **Kopfübungen**

1. $= 7 + 1 = 8$
2. Ein Rechteck ist ein Trapez mit parallelen Schenkeln.
3. $-1,5$
4. Oberfläche $= 2 \cdot$ Grundfläche $+$ Umfang Grundfläche $\cdot$ Höhe
5. $36 = \sqrt{1296}$; $10 = \sqrt{100}$; $0,25 = \sqrt{0,0625}$
6. Z.B.: 7, 5, 2, 2, 4
7. $y = 3x - 2$

| x | −2 | −1 | 0 | 1 | 2 |
|---|---|---|---|---|---|
| y | −8 | −5 | −2 | 1 | 4 |

**177** **10** *Querlage und Höhenverlust bei Segelflugzeugen*

(A) Lineares Modell

Abbildung siehe Schülerband.

| y aus Modell | d | d² |
|---|---|---|
| 32,80 | −3,20 | 10,2400 |
| 30,85 | 0,55 | 0,3025 |
| 28,90 | 1,90 | 3,6100 |
| 26,95 | 2,35 | 5,5225 |
| 25,00 | 1,40 | 1,9600 |
| 23,05 | −0,25 | 0,0625 |
| 21,10 | −2,50 | 6,2500 |

Die Summe der Quadrate der Abweichungen beträgt 27,9475.

B) Quadratisches Modell

Abbildung siehe Schülerband.

| y aus Modell | d | d² |
|---|---|---|
| 35,200 | −0,800 | 0,640000 |
| 30,375 | 0,075 | 0,005625 |
| 26,700 | −0,300 | 0,090000 |
| 24,175 | −0,425 | 0,180625 |
| 22,800 | −0,800 | 0,640000 |
| 22,575 | −0,725 | 0,525625 |
| 23,500 | −0,100 | 0,010000 |

Die Summe der Quadrate der Abweichungen beträgt 2,091875.

An den beiden Grafiken sieht man, dass in diesem Fall das quadratische Modell angemessen ist; dies wird durch die jeweilige Summe der quadratischen Abweichungen bestätigt, die bei der Ausgleichsparabel deutlich kleiner ist als bei der Ausgleichsgeraden. Im weiteren Verlauf wird der Höhenverlust im quadratischen Modell bei stärkerer Querlage wieder größer, beim linearen Modell ist der Höhenverlust gleichbleibend.

## 5.5 Problemlösen mit quadratischen Funktionen

**178**

**1** *Eine passende Kiste*
a) Schüleraktivität.
b) (1) Von der Länge x werden jeweils an den Ecken 3 cm abgeschnitten. Dadurch hat der Kistenbogen die Länge und Breite $(x-6)$ cm, und die hochgefalteten Ränder geben der Kiste die Höhe 3 cm.
    (2) $V(x) = (x-6)(x-6) \cdot 3 = 3(x-6)^2$
    (3) $V(x) = 3(x-6)^2 = 75$ für $x_1 = 11$; $x_2 = 1$
    Als Lösung des Sachproblems kommt $x_2$ nicht infrage. Die Seitenlänge des ursprünglichen quadratischen Papiers ist also 11 cm.

**2** *Mustererkennung*
a)

| x | drei rote Flächen | zwei rote Flächen | eine rote Fläche |
|---|---|---|---|
| 2 | 8 | $0 = 0 \cdot 12$ | $0 = 0 \cdot 6$ |
| 3 | 8 | $12 = 1 \cdot 12$ | $6 = 1 \cdot 6$ |
| 4 | 8 | $24 = 2 \cdot 12$ | $24 = 4 \cdot 6$ |
| 5 | 8 | $36 = 3 \cdot 12$ | $54 = 9 \cdot 6$ |
| 6 | 8 | $48 = 4 \cdot 12$ | $96 = 16 \cdot 6$ |

b) Mit genau drei roten Flächen: $f_3(x) = 8$
Mit genau zwei roten Flächen: $f_2(x) = 12(x-2)$
Mit genau einer roten Fläche: $f_1(x) = 6(x-2)^2$

c)

| x | drei rote Flächen | zwei rote Flächen | eine rote Fläche |
|---|---|---|---|
| 7 | 8 | 60 | 150 |
| 8 | 8 | 72 | 216 |
| 10 | 8 | 96 | 384 |
| 20 | 8 | 216 | 1944 |

**180**

**3** *Ein Theatersaal*
Anzahl der Sitze pro Reihe: x; Anzahl der Reihen: $x + 12$
$x(x + 12) = 1260 \Rightarrow x_1 = 30$; $x_2 = -42$
$x_2$ ist keine sinnvolle Lösung des Sachproblems. Es gibt 42 Reihen mit jeweils 30 Sitzen.

**4** *Rechtecke gesucht*
a) Länge des Rechtecks: x; Breite des Rechtecks: $x + 6$
$x(x + 6) = 91 \Rightarrow x_1 = 7$; $x_2 = -13$,
$x_2$ ist keine sinnvolle Lösung des Sachproblems.
Das Rechteck ist 7 cm lang und 13 cm breit.
b) Länge des Rechtecks: a; Breite des Rechtecks: b
$U = 2(a + b) = 40 \Rightarrow b = 20 - a$
$A = a(20 - a) = 36$, $a_1 = 18$; $a_2 = 2 \Rightarrow b_1 = 2$; $b_2 = 18$
Das Rechteck ist 18 cm lang und 2 cm breit.
c) Seitenlänge des Quadrats: a; Länge des Rechtecks: $a + 3$;
Breite des Rechtecks: $a - 1$
$A = (a + 3)(a - 1) = 32 \Rightarrow a_1 = 5$; $a_2 = -7$
$a_2$ ist keine sinnvolle Lösung des Sachproblems.
Das Rechteck ist 8 cm lang und 4 cm breit.

**180**

**5** *Zahlen gesucht*

a) Gesucht wird $x > 0$, für das $f(x) = x(123 - x) = -x^2 + 123x$ maximal wird.
Der Graph von $f(x)$ ist eine nach unten geöffnete Parabel. Der Scheitelpunkt ist Maximum der Funktion. Umformung in die Scheitelpunktform ergibt:
$f(x) = -(x - 61,5)^2 + 3782,25$
Der Scheitelpunkt ist $S(61,5 | 3782,25) \Rightarrow 61,5 \cdot 61,5 = 3782,25$ ist der größtmögliche Wert.

b) Gesucht wird x für das gilt: $(x - 3)(x + 3) = 41$
Lösung: $x_{1,2} = \pm\sqrt{50}$

c) Gesucht wird x für das gilt: $x(x + 1) = 3x$
Lösung: $x_1 = 0;\ x_2 = 2$

**6** *Ein Swimmingpool*

a) $f(x) = 2(30 + 2x)x + 2 \cdot 20x = 4x^2 + 100x$

b) $f(x) = 360$ für $x_1 = -12,5 + \sqrt{246,25} \approx 3,2$
$x_2 = -12,5 - \sqrt{246,25} \approx -28,2$
$x_2$ ist keine sinnvolle Lösung des Sachproblems.
Der Weg ist 3,20 m breit.

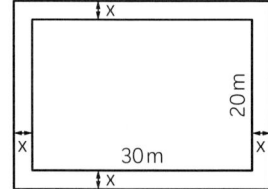

**7** *Eine Brücke und ein Segelschiff*

$h(x) = 0$ für $x_1 = 0;\ x_2 = 333,3$.
Die maximale Breite des Brückenbogens über dem Wasserspiegel beträgt ca. 333 m.
$h(x) = 8$ für $x_1 = 134;\ x_2 = 199$.
Das Segelschiff kann also im Bereich zwischen 134 m und 199 m den Brückenbogen passieren.

**8** *Innermathematische Anwendungen*

a) $5x^2 + 5x + 5 = 0 \Rightarrow x^2 + x + 1 = 0$
Diskriminante $D = -0,75 < 0 \Rightarrow$ Die Gleichung hat keine Lösung.

b) Die Gleichung lässt sich auf die Form $x^2 + x + 1 = 0$ zurückführen.
Siehe Teilaufgabe a).

c) Die Gleichung lässt sich umformen zu $x^2 + 2x - 8 = 0$
Diskriminante $D = 9 \Rightarrow$ Die Gleichung hat zwei Lösungen.

d) Schüleraktivität.

**181**

**9** *Ein dreieckiges Grundstück*

■ Die Gerade $y = \frac{1}{3}x$ auf dem Intervall $[0, 60]$ bildet zusammen mit der Parallelen zur y-Achse bei $x = 60$ und der x-Koordinatenachse auf dem Intervall $[0, 60]$ die Grundstücksgrenzen.
Einheit: 1 cm $\triangleq$ 10 m.

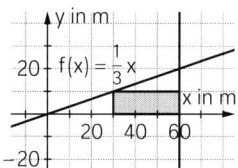

■ $A = 9\,m \cdot \frac{1}{3} \cdot 51\,m = 153\,m^2$

$A = 15\,m \cdot \frac{1}{3} \cdot 45\,m = 225\,m^2$

$A = 20\,m \cdot \frac{1}{3} \cdot 40\,m = 266,\overline{6}\,m^2$

■ $A(x) = x \cdot \frac{1}{3} \cdot (60 - x)$

**10** *Ein Quadrat im Quadrat*

Das einbeschriebene Quadrat, für das $x = 0$ oder $x = 10$ ist, hat den größten Flächeninhalt, denn diese beiden Quadrate entsprächen dem Ausgangsquadrat selbst.

**181**   ⟮11⟯ *Ein Kaninchengehege*

Die Lösung mit dem kleinsten Umfang, also dem geringsten Zaun-Bedarf, erhält man für $x = 2$ und $y = 4$.

## Kopfübungen

1. Die Punkte des Kreises liegen im ersten, zweiten und vierten Quadranten.
2. a) $5^3 : 5^2 = 5$ \qquad b) $\sqrt{2} \cdot \sqrt{2} = 2$
3. $(a - b)(a + c) = a^2 + ac - ba - bc$
4. ... ver-16-facht sich ...
5.

| Term | $x$ | $\frac{1}{x}$ | $x^2$ | $\sqrt{x}$ |
|------|-----|---------------|-------|------------|
| Zahl | $\frac{4}{25}$ | $\frac{25}{4}$ | $\frac{16}{625}$ | $\frac{2}{5}$ |

6. Z.B.: Befragung von 10 Personen mit Antwortmöglichkeiten „Ja", „Nein" und „Weiß ich nicht".

| Ja | Nein | Weiß ich nicht |
|----|------|----------------|
| 3 | 5 | 2 |

Der Modalwert und der Durchschnitt liegen bei 5 Personen.

7. $y = \frac{24}{x}$

**182**   ⟮12⟯ *Ski*

a)

| Anzahl der bestelltem Paar Ski | Preis pro ein Paar Ski in € | Gesamteinnahmen E(x) bei der Bestellung in € |
|-------------------------------|------------------------------|----------------------------------------------|
| 1 | 124 | 124 |
| 2 | 123 | 246 |
| 3 | 122 | 366 |
| ... | ... | ... |
| x | 125 − x | x(125 − x) |
| ... | ... | ... |
| 60 | 65 | 3900 |
| 61 | 65 | 3965 |
| | | |
| ... | ... | ... |
| x | 65 | 65 · x |

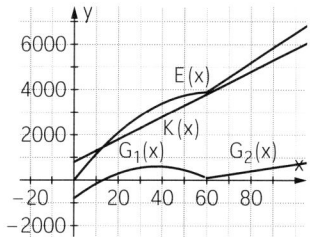

b) Der Wert 50 gibt die Stückkosten pro Paar Ski an.

Der Wert 800 gibt die Fixkosten die bei der Produktion entstehen an.

Es handelt sich um einen proportionalen Kostenverlauf.

**182** $\boxed{12}$ c) $G(x) = E(x) - K(x)$

$G_1(x) = -x^2 + 75x - 800$ für $0 \le x \le 59$

$G_2(x) = 15x - 800$ für $x \ge 60$

$G_1(x) = 0$ für $x_1 \approx 12{,}9$; $x_2 \approx 62{,}1$. $x_2$ liegt nicht im Definitionsbereich.

Die Firma wird somit ab 13 Bestellungen Gewinn machen.

Gesucht wird x für das $G(x)$ maximal wird.

(1) Preisreduzierung: $G(x) = -(x - 37{,}5)^2 + 606{,}25$ für $0 \le x \le 59$

Da es sich bei der ersten Gewinnfunktion um eine nach unten geöffnete Parabel handelt, ist der Scheitelpunkt zugleich das Maximum der Funktion. $S(37{,}5 | 606{,}25)$ Der maximale Gewinn wird also bei 37 bzw. 38 Paar Ski erreicht und beträgt 606 €.

(2) Ohne Reduzierung: $G(x) = 15x - 800$ für $x \ge 60$

Es handelt sich eine proportionale Gewinnzunahme. Ab 94 Paar Ski steigt der Gewinn über den maximalen Gewinn im Bereich der Preisreduzierung. Danach steigt er immer weiter an.

d) (1) $G_1(x) = -x^2 + 75x - 1200$

$G_1(x) = 0$ für $x_1 = 24$; $x_2 = 51$.

Mit höheren Fixkosten von 1200 € liegt die Gewinnzone zwischen 24 und 51 Paar Ski.

Auch hier wird der maximale Gewinn bei 37 bzw. 38 Paar Ski erreicht. Er beträgt allerdings nur 202 €.

$G_2(x) = 15x - 1200$

$G_2(x) = 0$ für $x = 80$.

Im Bereich ohne Reduzierung macht die Firma ab 80 Paar Ski wieder Gewinn. Ab 94 Paar Ski steigt der Gewinn über den maximalen Gewinn im Bereich der Preisreduzierung.

(2) $G_1(x) = -x^2 + 65x - 800$

$G_1(x) = 0$ für $x_1 = 17$; $x_2 = 48$.

Mit höheren Stückkosten von 60 € liegt die Gewinnzone zwischen 17 und 48 Paar Ski.

Der maximale Gewinn wird bei 32 bzw. 33 Paar Ski erreicht und beträgt 256 €.

$G_2(x) = 5x - 800$

$G_2(x) = 0$ für $x = 160$.

Im Bereich ohne Reduzierung macht die Firma ab 160 Paar Ski wieder Gewinn. Ab 212 Paar Ski steigt der Gewinn über den maximalen Gewinn im Bereich der Preisreduzierung.

(3) $G_1(x) = -x^2 + 75x - 800$ für $0 \le x \le 69$

$G_2(x) = 15x - 800$ für $x \ge 70$

$G_1(x) = 0$ für $x_1 \approx 12{,}9$; $x_2 \approx 62{,}1$.

Die Gewinnzone liegt jetzt zwischen 13 und 62 Paar Ski.

Dann wird erst wieder ab 70 Paar verkauften Ski Gewinn erzielt.

Ab 94 Paar Ski steigt der Gewinn über den maximalen Gewinn im Bereich der Preisreduzierung.

## 5.6 Geometrie der Parabeln und Wurzelfunktionen

**183**  **1** *Zur Auffrischung geometrischer Kenntnisse*
   a) (1) Mittelsenkrechte von $\overline{AB}$
   (2) Kreis um M mit Radius r
   (3) Die beiden Parallelen zu g im Abstand d.
   (4) g ∦ h: Winkelhalbierende der Geradenkreuzung; g ‖ h: Mittelparallele von g und h
   b) Bei (4) muss eine Fallunterscheidung gemacht werden.

**2** *Eine bekannte Kurve als Ortslinie*
   a) Man zeichnet um F konzentrische Kreise, deren Radien sich jeweils um einen festen
   Wert, z. B. 5 mm unterscheiden. Zu der Geraden h zeichnet man eine Parallelenschar mit
   den gleichen Abständen, also auch z. B. 5 mm. Man sucht dann die Schnittpunkte der
   Parallelen mit den Kreisen, die von h und von F den gleichen Abstand haben.
   b) Die Kurve sieht aus wie eine Parabel. Begründung: z. B. mit passendem Koordinatensystem und Funktionsgleichung $y = ax^2 + b$.
   c) Je größer der Abstand von F zu h, desto offener wird die Parabel.

**184**  **3** *Konstruktion einer Ortskurve mit DGS*
   a) Z. B. Kurve zeichnen, ausdrucken, in Koordinatensystem zeichnen, Funktionsgleichung
   $y = ax^2$.
   b) Je weiter F und h voneinander entfernt sind, desto offener wird die Parabel.
   c) P liegt auf der Mittelsenkrechten von $\overline{FL}$ und ist damit von F und von L gleich weit entfernt: $\overline{PF} = \overline{PL}$.
   d) Da $\overline{PL}$ senkrecht zu h verläuft, ist der Abstand von P zur Geraden h genauso groß wie
   die Entfernung von P zu F.
   *Definition:* Eine Parabel ist die Ortslinie aller Punkte, die von einem gegebenen Punkt F
   und von einer gegebenen Geraden h gleich weit entfernt sind.

**4** *„Schülerparabel"*
   a) Siehe die Abbildung im Schülerband.
   Direkt ablesen kann man den Sachverhalt für die drei Parabelpunkte $(-2|1)$, $(0|0)$,
   $(2|1)$.
   b) Schüleraktivität. Für den Nachweis vergleiche auch Beispiel A.

**185**  **5** *Parabeln konstruieren und berechnen*
   a) Für die Konstruktion von (1)–(4) geht man wie folgt vor:
   ▪ Zeichne Leitgerade und Brennpunkt.
   ▪ Zeichne Parallelen zur Leitgeraden in verschiedenen Abständen.
   ▪ Zeichne Kreise um F, deren Radien so groß sind wie die Abstände der Parallelen zur
   Leitgeraden. Markiere die passenden Schnittpunkte.
   ▪ Verbinde die Schnittpunkte durch eine möglichst glatte Kurve.

(1)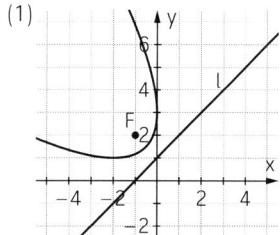

(2)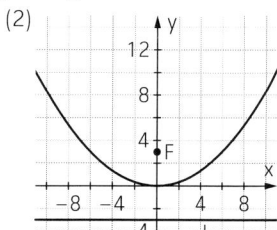

**185** ⑤

(3)
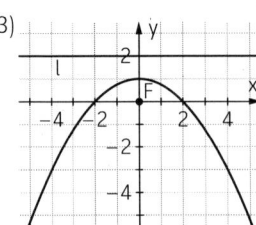

(4)
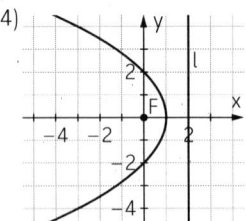

b) Zu (1) und (4) kann man keine Funktion der Art $f(x) = ax^2 + bx + c$ finden, da die Parabeln nicht symmetrisch zur y-Achse verlaufen.

(2) $y = \frac{1}{12}x^2$

(3) $y = -\frac{1}{4}x^2 + 1$

c) Wo liegen alle Punkte, die zu $F\left(0\,\middle|\,\frac{1}{4a}\right)$ und der Geraden $y = -\frac{1}{4a}$ denselben Abstand haben?

Nach Konstruktion gilt: $\overline{FP} = \overline{LP} = d$, also:

(1) $\overline{FA}^2 + \overline{AP}^2 = d^2$, also $x^2 + \left(y - \frac{1}{4a}\right)^2 = d^2$ mit $A\left(x\,\middle|\,\frac{1}{4a}\right)$ und $P(x\,|\,y)$

(2) $d^2 = \left(y + \frac{1}{4a}\right)^2$

(1) und (2) ergibt:

$x^2 + \left(y - \frac{1}{4a}\right)^2 = \left(y + \frac{1}{4a}\right)^2$

$x^2 + y^2 - \frac{1}{2a}y + \frac{1}{16a^2} = y^2 + \frac{1}{2a}y + \frac{1}{16a^2}$

$x^2 = \frac{1}{a}y$, also $y = ax^2$.

**186** ⑥ *Variationen*

a) (1) Bei gleichbleibendem Brennpunkt ist die Parabel nach oben geöffnet für $k < 0$ und nach unten für $k > 0$. Mit abnehmendem k im Fall $k < 0$ bzw. zunehmenden k im Fall $k > 0$ öffnet sich die Parabel, wird also in x-Richtung gestreckt und verschiebt sich nach unten bzw. nach oben.

$y = -\frac{1}{2k}x^2 + \frac{k}{2}$ für $k \neq 0$

(2) Bei verschiedenen Brennpunkten und gleichbleibender Leitgerade ist die Parabel nach unten geöffnet für $k < 0$ und nach oben für $k > 0$. Mit abnehmendem k im Fall $k < 0$ bzw. zunehmenden k im Fall $k > 0$ öffnet sich die Parabel, wird also in x-Richtung gestreckt und verschiebt sich nach unten bzw. nach oben.

$y = \frac{1}{2k}x^2 + \frac{k}{2}$ für $k \neq 0$

b) Mit dem CAS sind die Parabeln angegeben, die den Brennpunkt $F(0\,|\,k)$ und die Leitgerade $y = -m$ haben.

**186**  7 *Tangenten einer Parabel*

Gleichsetzen von $y = 2kx - k^2$ und $y = x^2$ liefert:

$2kx - k^2 = x^2$

$(x - k)^2 = 0$

Es gibt genau eine Lösung, nämlich $x = k$.

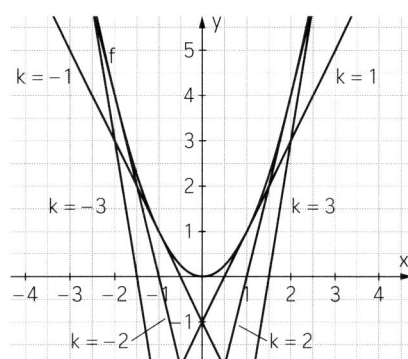

Die Geraden berühren jeweils die Normalparabel in einem Punkt. Solche Geraden nennt man Tangenten der Parabel.

8 *Die Knickparabel*

Schüleraktivität.

**187**  9 *Ein Unfallgutachten*

a) Der Gutachter könnte fragen
   - nach dem Wetter (Regen, Gewitter)
   - nach dem Gesundheitszustand des Fahrers (Übermüdung, Medikamente)
   - nach Drogenkonsum (Alkohol, Rauschdrogen, Rauchen am Steuer)
   - nach der Bereifung (Alter, Abnutzungsgrad, Reifentyp)
   - nach dem Zustand des Autos (TÜV, Bremsen)
   - nach dem Zustand der Straße (Art des Belages, Gefälle)
   - nach Länge und Form der Bremsspur.

   Wovon könnte die Länge der Bremsspur abhängig sein?

   Im Wesentlichen von der Fahrbahnoberfläche (Art und Zustand) sowie von den Reifen (Art und Profil).

b) Bei Anwendung der Formel $v = \sqrt{2 \cdot a \cdot s}$ muss die Geschwindigkeit v in der Einheit Meter/Sekunde verwendet werden.

   Umrechnung von $\frac{km}{h}$ in $\frac{m}{s}$: $1\frac{km}{h} = \frac{1000\,m}{3600\,s} = \frac{2,5\,m}{9\,s} = 0,28\frac{m}{s}$

   Umrechnung von $\frac{m}{s}$ in $\frac{km}{h}$: $1\frac{m}{s} = \frac{0,001\,km}{\frac{1}{3600}\,h} = 3,6\frac{km}{h}$

   Berechnung der Bremsverzögerung a mit gemessener Geschwindigkeit $v = 90\frac{km}{h}$ und mit gemessener Bremsspur $s = 39\,m$:

   Die Formel $v = \sqrt{2 \cdot a \cdot s}$ wird aufgelöst nach $a = \frac{v^2}{2 \cdot s} = \frac{(90 \cdot 0,28)^2}{2 \cdot 39} = 8,01$.

**187** **9** c)

| s in m | 0 | 10 | 20 | 30 | 40 | 50 | 60 | 70 | 80 | 90 | 100 |
|---|---|---|---|---|---|---|---|---|---|---|---|
| v in m/s | 0 | 12,66 | 17,9 | 21,9 | 25,31 | 28,3 | 31 | 33,49 | 35,8 | 37,97 | 40 |
| v in km/h | 0 | 45,57 | 64,44 | 78,92 | 91,13 | 101,89 | 111,61 | 120,55 | 128,88 | 136,7 | 144,1 |

Mit $a = 8{,}01$ und $s = 60\,m$ wird die Geschwindigkeit v des Kölner Autofahrers ermittelt, der bei seinem Unfall eine 60 m lange Bremsspur erzeugte.

$$v = \sqrt{2 \cdot a \cdot s} = \sqrt{2 \cdot 8{,}01 \cdot 60}\,\frac{m}{s} = 31\,\frac{m}{s} = 31 \cdot 3{,}6\,\frac{km}{h} = 111{,}6\,\frac{km}{h}$$

**188** **10** *Funktionenlabor*

a) Für $c = 2$ und $c = 3$ wird der Graph um 2 bzw. 3 nach oben verschoben, für $c = -1$ wird der Graph um 1 nach unten verschoben. $D = \{x \mid x \geq 0\}$.

b) Für $b = 2$ und $b = 3$ wird der Graph um 2 bzw. 3 nach links verschoben, für $b = -1$ wird der Graph um 1 nach rechts verschoben.
$D_1 = \{x \mid x \geq -2\}$; $D_2 = \{x \mid x \geq -3\}$; $D_3 = \{x \mid x \geq 1\}$

c) Für $a = 2$ und $a = 3$ wird der Graph mit dem Faktor 2 bzw. 3 in vertikaler Richtung gestreckt (er wird offener), für $a = -1$ wird der Graph an der x-Achse gespiegelt.
$D = \{x \mid x \geq 0\}$

d) Der Graph ist um 2 nach links und um 3 nach unten verschoben.
$D = \{x \mid x \geq -3\}$

| x | −2 | −1 | 0 | 1 | 2 | 3 | 4 | 5 | 6 | 7 | 8 |
|---|---|---|---|---|---|---|---|---|---|---|---|
| $\sqrt{x+2}-3$ | −3 | −2 | −1,59 | −1,27 | −1 | −0,76 | −0,55 | −0,35 | −0,17 | 0 | 0,16 |

**11** *Wie schnell sind Tsunamis*

a)

| Wassertiefe in m | Geschwindigkeit in m/s | Geschwindigkeit in km/h |
|---|---|---|
| 50 | 22,1 | 79,7 |
| 75 | 27,1 | 97,6 |
| 100 | 31,3 | 112,7 |
| 500 | 70,0 | 252,0 |
| 1000 | 99,0 | 356,4 |
| 2000 | 140,0 | 504,0 |
| 5000 | 221,4 | 796,9 |
| 7500 | 271,1 | 976,0 |

b) Bei einer 100-mal größeren Wassertiefe ist die Geschwindigkeit 10-mal größer. Bei einer x-mal größeren Tiefe ergibt sich eine $\sqrt{x}$-mal höhere Geschwindigkeit.

c) Wassertiefe: 2296 m

**189** **12** *Quadratische Funktionen und Wurzelfunktionen*

**Anmerkung zur ersten Auflage:** Die Werte, für die, die Wertetabellen erstellt werden sollen, sind nicht mit angegeben; bitte die Werte, die hier in der Lösung angegeben sind, verwenden.

a)

| x | −1 | 0 | 1 | 2 |
|------|----|---|---|---|
| f(x) | 0 | 1 | 4 | 9 |

| x | 0 | 1 | 4 | 9 |
|------|----|---|---|---|
| g(x) | −1 | 0 | 1 | 2 |

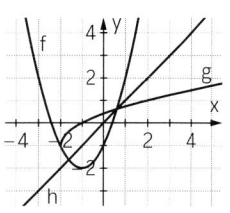

b)

| x | 0 | 1 | 2 | 3 |
|------|----|----|---|---|
| f(x) | −2 | −1 | 2 | 7 |

| x | −2 | −1 | 2 | 7 |
|------|----|----|---|---|
| g(x) | 0 | 1 | 2 | 3 |

c)

| x | −1 | 0 | 1 | 2 |
|------|----|----|---|---|
| f(x) | −2 | −1 | 2 | 7 |

| x | −2 | −1 | 2 | 7 |
|------|----|----|---|---|
| g(x) | −1 | 0 | 1 | 2 |

**13** *Umkehrfunktionen bestimmen*

a) $g(x) = -2x + 8$
c) $g(x) = -\sqrt{2-x}$

b) $g(x) = \sqrt{2-x}$
d) keine Umkehrfunktion möglich

## Kopfübungen

1. $4\,cm^2$
2. $5{,}9 - 8{,}9 = -3$
3. $\frac{1}{2}ac - 3c$
4. Z.B.: $-\sqrt{5}$; $-\sqrt{7}$
5. Z.B.: $y = -x$ und $y = x - 4$ mit $S(2|-2)$
6. Quadrat, Rechteck
7. Die Summe 8 tritt am häufigsten auf.

**190** **14** und **15**

Diese Aufgaben zielen auf das eigenständige Experimetieren der Schülerinnen und Schüler ab. Sie eignen sich besonders zum Einsatz im Rahmen arbeitsteiliger Gruppenarbeit oder Stationenlernen und der anschließende eigenständigen Präsentation.

# Kapitel 6
# Kreisberechnungen

## Didaktische Hinweise

Die Vermessung und die Berechnung von Kreisen hat in der Geschichte der Mathematik in den verschiedensten Kulturepochen zu vielen interessanten Erkenntnissen und zur Entwicklung intelligenter Verfahren geführt. Die Schülerinnen und Schüler werden in diesem Kapitel zum Entdecken und Nachvollziehen sowohl experimenteller als auch theoretischer Zugänge angeregt. Die systematische Gliederung in die Lernabschnitte *Umfang und Flächeninhalt* und *Anwendungen* erleichtert einen sequentiellen Aufbau, dieser kann aber auch zugunsten einer mehr problemorientierten und integrativen Behandlung aufgelöst werden, zumal die vorhandenen Querbezüge und die vielfältigen Anwendungsbezüge in vielen Aufgaben explizit angesprochen werden. Der durchgehende Wechsel zwischen geometrischen und algorithmischen Aspekten kommt beiden Vorgehensweisen entgegen.

Der Lernabschnitt **6.1** führt die Berechnung von Umfang und Flächeninhalt parallel zueinander ein. Die Zahl $\pi$ wird hier über unterschiedliche experimentelle Zugänge als konstantes Verhältnis von Umfang bzw. Flächeninhalt und Radius von Kreisen gewonnen, dabei werden im Basiswissen auch die funktionalen Aspekte $U(r) = 2\pi \cdot r$ und $A(r) = \pi \cdot r^2$ herausgestellt und grafisch veranschaulicht. Im Übungsteil wird dies zum Verstehen grundlegender Phänomene genutzt.

Auch wenn auf dieser Altersstufe die experimentellen Zugänge zu den Formeln für den Umfang und den Flächeninhalt im Vordergrund stehen, wird in einem Exkurs und der zweiten grünen Ebene die auch kulturhistorisch bedeutsame Geschichte der Kreiszahl $\pi$ angesprochen.

Im zweiten Teil dieses Abschnitts wird die Bogenlänge anschaulich anhand von Kreisausschnitten eingeführt. Damit werden bereits weitere Grundbausteine für die Trigonometrie, die in Kapitel 7 thematisiert wird, gelegt.

Im Lernabschnitt **6.2** werden, z. T. auch komplexere, Anwendungen rund um Kreisberechnungen thematisiert. Durch Herausforderung vielfältiger Aktivitäten und fächerübergreifender Bezüge (z. B. Geografie, Astronomie) werden insbesondere die Problemlösefähigkeiten der Lernenden gefördert. Die angesprochenen Probleme haben ihren Schwerpunkt in der Geometrie, weisen einige Aspekte aus dem Alltag auf und lassen die Nachentdeckung geschichtlich bedeutungsvoller Verfahren und Probleme zu. Viele dieser Problemaufgaben können wiederum als Ausgangspunkt für weitergehende Untersuchungen im Rahmen von individuellen Schülerarbeiten oder für eigenständige Projekte oder auch zur Förderung besonderer Begabungen genutzt werden.

# Lösungen

## 6.1 Umfang und Flächeninhalt des Kreises

**200**  [1] *Schätzen und Messen*

Die folgenden Aufgaben A1 bis A4 haben gemeinsam, dass für den Umfang (bzw. den Flächeninhalt) eines Kreises eine Proportionalität bzgl. des Durchmessers (bzw. Radius) durch Experimente oder Untersuchungen „nachgewiesen" wird. Ebenso wird deutlich, dass die Proportionalitätskonstante (d. h. die sogenannte „Kreiskonstante" $\pi$) jeweils in der Größenordnung von 3 bzw. 3,1 liegt – eine größere Genauigkeit ist experimentell kaum machbar. Dass Umfang und Flächeninhalt einer Figur proportional sind zu ihren Seitenlängen bzw. zum Quadrat ihrer Seitenlängen, ist zunächst einmal nichts Ungewöhnliches: Beim Quadrat mit Seitenlänge a gilt beispielsweise $U = \mathbf{4} \cdot a$ und $A = \mathbf{1} \cdot a^2$. Bei jeder bislang von den Schülerinnen und Schülern betrachteten ebenen Figur gilt, dass sich der Umfang verdoppelt und der Flächeninhalt vervierfacht, wenn sich die Maße der Figur verdoppeln. Solche Zusammenhänge, sind den meisten Schülerinnen und Schüler aber nicht bewusst, da Flächeninhalte und Umfänge von Figuren bislang nicht unbedingt unter funktionalen Aspekten, sondern zumeist als konkrete Berechnungen von ganz konkreten Größen durchgeführt und wahrgenommen wurden.

Das wirklich Erstaunliche beim Kreis ist also nicht, dass $U = c_1 \cdot r \approx 3{,}14 \cdot r$ bzw. $A = c_2 \cdot r^2 \approx 3{,}14 \cdot r^2$ gilt oder dass es „mühsam" ist, diese Konstante genauer zu bestimmen (das ist bei vielen regelmäßigen Vielecken, bei denen Wurzelausdrücke bei der Berechnung vorkommen, ebenso der Fall), sondern, dass diese „beiden" Konstanten beim Kreis gleich sind. Dieser Zusammenhang wird übrigens in Aufgabe 5 thematisiert, da hier (und nur hier) theoretisch (!) deutlich werden kann, dass dieselbe Konstante die in den Umfang des Kreises eingeht, auch bei der Flächenberechnung des Kreises auftritt.

Spezielle Anmerkungen zu dieser Aufgabe: Üblicherweise schätzen die Schülerinnen und Schüler die Höhe der Tennisdose als „deutlich größer" ein als deren Umfang. Nachmessen zeigt aber, dass bei einem typischen Durchmesser von 6,54 cm bis 6,86 cm bei Tennisbällen, die Höhe mit 19,62 cm bis 20,58 cm ($h = 3 \cdot d$) in etwa einen Zentimeter kleiner ist als der Umfang mit 20,54 cm bis 21,55 cm ($U = \pi \cdot d$, je nach Beschaffenheit der realen Dose evtl. noch etwas mehr). Mit dem Ergebnis aus Aufgabenteil b) und der Feststellung, dass sich der Umfang der Dose kaum vom Umfang eines Balles unterscheidet, lässt sich der Auftrag in Aufgabenteil c) auch mit Hilfe eines einzigen (Basket-)Balls durchführen. Die Bestimmung des Durchmesser eines Balles ist dabei nicht ganz einfach: Dieser lässt sich nur dann einigermaßen genau bestimmen, wenn man den Ball zwischen zwei parallele „Platten" legt und den Abstand dieser Platten bestimmt. Da sich der Umfang einer Kugel dagegen relativ genau bestimmen lässt, berechnet man in der Regel den Durchmesser der Kugel aus deren Umfang (vgl. Aufgabe 2 Aufgabenteil b).

[2] *Experimentieren und Auswerten*

Die Bestimmung des Umfangs eines kreisförmigen Gegenstandes ist nicht ganz einfach. Insbesondere bei Papier- oder Pappkreisen lässt sich dieser kaum mit ausreichender Genauigkeit bestimmen, wenn kein Faden als Hilfsmittel benutzt werden kann, weil dieser immer wieder „vom Rand abrutscht". Da sich der Durchmesser eines Kreises dagegen relativ genau bestimmen lässt, berechnet man in der Regel den Umfang des Kreises aus dessen Durchmesser (vgl. Aufgabe 1 Aufgabenteil c).

**201**

**3** *Flächeninhalt eines Kreises – eine Formel zum Abschätzen*
Die Kreisfläche „liegt zwischen" dem großen und dem kleinen Quadrat. Die Schülerinnen und Schüler können somit erkennen, dass der Flächeninhalt eines Kreises mit Radius r stets, d.h. unabhängig von der Größe des Radius r, kleiner als $4r^2$ und größer als $2r^2$ ist. Üblicherweise wird $3r^2$ als erste Näherung angesehen. Diese kann ggf. durch Auszählen auf Karo- bzw. Millimeterpapier verfeinert werden.

**4** *Flächen wiegen? – Experimentieren und Auswerten*
Wichtig bei diesem Experiment ist, dass die Schülerinnen und Schüler wissen, dass das Gewicht eines homogenen Gegenstandes proportional zu dessen Flächeninhalt ist.

**5** *Falten, Schneiden, Zusammenlegen*
Durch das Falten bekommt man immer kleinere Kreisausschnitte mit der Seitenlänge r. Legt man die Ausschnitte aneinander, so erhält man näherungsweise ein Parallelogramm mit dem Flächeninhalt $A \approx \frac{1}{2}U \cdot r$. Somit entsteht näherungsweise die Formel $r^2 \cdot \pi$.

**203**

**6** *Durchmesser von Bällen*
Die Maße eines Herren- bzw. Damenbasketballs liegen (je nach Vorgabe des jeweiligen Basketballverbands) zwischen 749 und 780 mm bzw. 725 und 735 mm, was einem Durchmesser von 238 bis 248 mm bzw. 231 bis 233 mm entspricht. Bei den Basketbällen der Schule können, abhängig vom Luftdruck der Befüllung, auch größere Differenzen auftreten. Die genaueste Bestimmung des Durchmessers erfolgt unter schultypischen Messbedingungen über den Umfang des Balles. Die Bestimmung des Durchmesser eines Balles ist nämlich nicht ganz einfach: Dieser lässt sich nur dann einigermaßen genau bestimmen, wenn man den Ball zwischen zwei parallele „Platten" legt und den Abstand dieser Platten bestimmt. Der Umfang des Balles lässt sich dagegen relativ genau bestimmen, indem man einen Faden auf einer Seite des Balles fixiert und die losen Enden dieses Fadens mit einer möglichst große Länge auf der anderen Seite des Balles „straffzieht".

**7** *Riesen-Mammutbaum*
h = 83,8 m
U = 31,3 m; wegen $\pi \cdot d = U$ ergibt sich $d = \frac{U}{\pi} = 9,96$ m
$n_{Schüler} \approx 20$ (Bei einer durschnittlichen Größe der Schüler von etwa 1,55 m und der Annahme, dass Größe = Armspanne)

**8** *Stammdurchmesser*
Umfang messen:
$U = \pi \cdot d = \pi \cdot 20$ cm = 62,8 cm
Also darf der Umfang gemäß Rechnung nicht größer als 62,8 cm sein. Ungenauigkeit entsteht aber bei den Messungen.

**9** *Training*

| d | 46 mm | 13,57 cm | 2,48 m | 0,47 m | 12,4 cm | 20 cm |
|---|---|---|---|---|---|---|
| U | 144,44 mm | 42,6 cm | 7,79 m | 1,47 m | 38,96 cm | 62,83 cm |
| r | 23 mm | 6,78 cm | 1,24 m | 0,24 m | 6,2 cm | 10 cm |
| A | 1 661,06 mm² | 144,34 cm² | 4,83 m² | 0,17 m² | 120,76 cm² | 313,04 cm² |

**10** *Wer wächst am schnellsten?*
$2r \Rightarrow 2U \Rightarrow 4A$
$3r \Rightarrow 3U \Rightarrow 9A$
$\frac{1}{2}r \Rightarrow \frac{1}{2}U \Rightarrow \frac{1}{4}A$

**203** **11** *Umfang und Flächeninhalt von Figuren*
  a) $U_1 > U_3 > U_2 = U_4 = U_5$
  b) $A_4 < A_5 < A_3 < A_2 < A_1$

**204** **12** *Die Kreiszal π hat Geschichte*
  a) Das Becken hat einen Durchmesser von 10 Ellen und einen Umfang von 30 Ellen, π wird hier also durch 3 angenähert.
  b) Der Flächeninhalt des Achtecks berechnet sich durch:

  $$A_{8\text{-Eck}} = 5 \cdot \left(\frac{2r}{3}\right)^2 + 4 \cdot \left(\frac{2r}{3}\right)^2 \cdot \frac{1}{2} = \frac{28}{9}r^2$$

  Eine Quadrateinheit anhand des Bildes ist $\left(\frac{2r}{3}\right)^2$, also ist nach dem Ägypter Ahmes die Kreisfläche das $\frac{256}{81}$-fache von $r^2$ ($\approx 3{,}16$-faches).

**13** *Straßenschild*
  weiß: $A_w = \pi \cdot r_1^2$      rot: $A_r = \pi \cdot r_2^2 - A_w = \pi \left(r_2^2 - r_1^2\right)$
  Mit den gegebenen Maßen folgt:
  $A_w = 441 \cdot \pi \, \text{mm}^2$; $A_r = 459 \cdot \pi \, \text{mm}^2$
  Die rote Fläche ist größer.

**14** *Sporthallentür*
  Quadrat: $1{,}2\,\text{m} \cdot 1{,}2\,\text{m} = 1{,}44\,\text{m}^2$
  Kreis (Viertel): $\frac{\pi}{4}r^2 = 1{,}13\,\text{cm}^2$
  Verschnitt für $\frac{1}{4}$ Teil: $0{,}31\,\text{m}^2$

**15** *Laufrad*
  $U = 73 \cdot 82\,\text{mm} = 5\,986\,\text{mm}$
  $d = \frac{U}{\pi} = 1\,905\,\text{mm} = 1{,}9\,\text{m}$
  Also kann ein Schüler der 8. Klasse stehen.

**205** **16** *Kreisausschnitt*
  a) a) Flächeninhalt $\approx 39{,}27\,\text{cm}^2$      Länge des Kreisbogens $\approx 15{,}71\,\text{cm}$
     b) Flächeninhalt $\approx 26{,}17\,\text{cm}^2$      Länge des Kreisbogens $\approx 10{,}47\,\text{cm}$
     c) Flächeninhalt $\approx 6{,}55\,\text{cm}^2$      Länge des Kreisbogens $\approx 2{,}62\,\text{cm}$

  b)

| Mittelpunktswinkel α | 360° | 90° | 60° | 1° | α |
|---|---|---|---|---|---|
| Flächeninhalt A | $\pi \cdot r^2$ | $\frac{1}{4}\pi \cdot r^2$ | $\frac{1}{6}\pi \cdot r^2$ | $\frac{1}{360}\pi \cdot r^2$ | $\frac{\alpha}{360}\pi \cdot r^2$ |
| Kreisbogenlänge b | $2\pi \cdot r$ | $\frac{2\pi \cdot r}{4}$ | $\frac{2\pi \cdot r}{6}$ | $\frac{2\pi \cdot r}{360}$ | $\frac{2\pi \cdot r}{360} \cdot \alpha$ |

**17** *Bogenlänge als neues Winkelmaß*
  a)

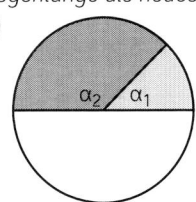

  $b_1 \approx 0{,}79\,\text{cm}, \quad b_2 \approx 2{,}36$

**205** **17** b) Wenn man von einem Radius $r = 1$ ausgeht, gehört zur Bogenlänge $\frac{\pi}{2}$ ein Winkel von 90°, zur Bogenlänge $\frac{3\pi}{2}$ ein Winkel von 270° und zur Bogenlänge $2\pi$ ein Winkel von 360°. Für einen anderen Radius wäre die Bogenlänge zu diesen Winkeln entsprechend um den Faktor r verändert.

c) Schüleraktivität.

**206** **18** *Winkelmaße im Kopf umrechnen*

| Winkel im Gradmaß | 120° | 180° | 60° | 90° | 135° | 270° | 72° | 18° | 1° |
|---|---|---|---|---|---|---|---|---|---|
| Winkel im Bogenmaß | $\frac{2\pi}{3}$ | $\pi$ | $\frac{\pi}{3}$ | $\frac{\pi}{4}$ | $\frac{3\pi}{4}$ | $\frac{3\pi}{2}$ | $\frac{\pi}{5}$ | $\frac{\pi}{10}$ | $\frac{\pi}{360}$ |

**19** *Bogenmaß und Gradmaß mit dem Taschenrechner*

| Winkel im Gradmaß | 10° | 90° | 170° | 114,6° | 356° | 359,9° | 44° | 18° | 100° |
|---|---|---|---|---|---|---|---|---|---|
| Winkel im Bogenmaß | 0,175 | 1,571 | 2,967 | 2 | 6,213 | 6,283 | 0,768 | 0,314 | 1,745 |

**20** *„Minitortenstück"*

$$A = \frac{100\,cm^2 \cdot \pi}{360} = 0,87\,cm^2$$

$$U = \frac{2 \cdot \pi \cdot 10\,cm}{360} = 0,115\,cm$$

**21** *Besonderer Winkel*

Der Flächeninhalt des Quadrats beträgt $a^2$, der des Kreisausschnitts $\frac{\pi \cdot a^2}{360°} \cdot \alpha$.

Also: $a^2 = \frac{\pi \cdot a^2}{360°} \cdot \alpha \Leftrightarrow 1 = \frac{\pi \cdot \alpha}{360°} \Leftrightarrow \alpha = \frac{360°}{\pi} \approx 114,59°$.

Der Umfang des Quadrats ist $4a$, der des Kreissektors $2a + \frac{2\pi \cdot a}{360} \cdot \alpha = 4a$. Der Umfang ist also bei beiden Figuren gleich.

**Kopfübungen**

1. 1,23 %
2. Zwei Sechsecke und sechs Rechtecke
3. 17 Kaninchen
4. 20°
5. Ja, wenn gilt, $a > 0$ und $b < 0$, z.B. $a = 5$, $b = -2$
6. Ohne Zurücklegen, da beim Ziehen der blauen Kugel keine Möglichkeit besteht, diese wieder zu ziehen.
7. $\frac{x}{24}$, wobei x die Anzahl der Stunden darstellt.

**207** **22** *„Gedächtnisakrobaten"*

a) Schüleraktivität.

b) Die Länge der Worte entspricht einer Stelle von $\pi$, „wie" = 3, „o" = 1 „dies" = 4 etc.

**208** **23** *Größter Flächeninhalt bei gleichem Umfang*

a) Dido wählt ein Quadrat mit der Seitenlänge 220 m (Flächeninhalt $A = 48\,400\,m^2$). Unter allen Vierecken mit gleichem Umfang hat das Quadrat den größten Flächeninhalt.

b) Das Experiment führt zu dem Ergebnis, dass man die Schnur zum Kreis legen muss, um einen möglichst großen Flächeninhalt zu erhalten.

**208** **23** c) Der Flächeninhalt des regelmäßigen n-Ecks erweist sich stets als größer als der des nicht regelmäßigen n-Ecks mit gleichem Umfang. Für $U = 60\,\text{cm}$:

| | gleichseitiges Dreieck | Quadrat | regelmäßiges Sechseck | regelmäßiges Achteck | Kreis |
|---|---|---|---|---|---|
| Seitenlänge in cm | 20 | 15 | 10 | 7,5 | $R \approx 9{,}55$ |
| Flächeninhalt in cm² | 173,2 | 225,0 | 259,8 | 271,6 | 286,5 |

Je mehr das Vieleck sich dem Kreis annähert, desto größer wird sein Flächeninhalt.

d) In Aufgabenteil b) wurde experimentell für eine Reihe von Flächen (so viele, wie in dem Experiment mit der Schnur gelegt wurden) gezeigt, dass der umfangsgleiche Kreis den größeren Flächeninhalt hat. Dieses Ergebnis darf man allerdings auf keine weitere Fläche übertragen.

In Aufgabe c) wird gezeigt, dass für die Flächen Dreieck, Viereck, Sechseck und Achteck die Behauptung gilt.

## 6.2 Anwendungen

**209** **1** *Kreisförmiges Wohnen*

a) Die Gesamtfläche der kreisförmigen Parzelle beträgt $A = \pi \cdot (50\,\text{m})^2 \approx 7853{,}98\,\text{m}^2$. Die Fläche des inneren Gemeinschaftsparkplatzes ist $A_P = \pi \cdot (12{,}5\,\text{m})^2 \approx 490{,}87\,\text{m}^2$. Die

Fläche eines einzelnen Grundstückes beläuft sich auf $\dfrac{(A - A_P)}{25} = \dfrac{2343{,}75 \cdot \pi}{25} \approx 294{,}5\,\text{m}^2$.

b) Der äußere Kreisbogen ist $\dfrac{\pi \cdot 100}{25} \approx 12{,}57\,\text{m}$ und der innere $\dfrac{\pi \cdot 25}{25} \approx 3{,}14$ groß.

**2** *Ein „wohlgeformtes" Ei*

a) Man konstruiert zunächst das Streckenkreuz aus $\overline{AB}$ und $\overline{EF}$. Um M schlägt man den Kreis mit dem Radius r. Um A und B schlägt man jeweils den Kreis mit dem Radius 2r. Der Kreis um A mit dem Radius 2r schneidet die Gerade $\overline{AF}$ im Punkt C. Um F schlägt man den Kreis mit dem Radius $\overline{FC}$.

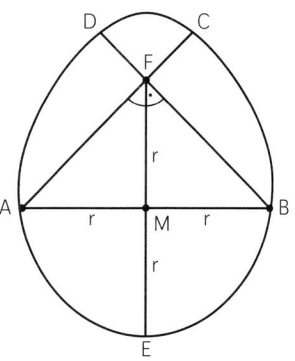

b) Es ist $\overline{AC} - \overline{AF} = \overline{FC} = 2 - \sqrt{2} \cdot r$. Der Umfang des Kreises beträgt für $r = 4\,\text{cm}$: $U_{\text{Kreis}} = 2 \cdot \pi \cdot r \approx 25{,}13\,\text{cm}$. Der Umfang des Eis ist gegeben durch

$$U_{\text{Ei}} = \pi \cdot r + 2 \cdot \frac{1}{4} \cdot \pi \cdot (2 \cdot r) + \frac{1}{4} \cdot 2 \cdot \pi \cdot \overline{FC}$$

$$= \pi \cdot r \cdot \left(3 - \frac{1}{\sqrt{2}}\right) \approx 2{,}29 \cdot \pi \cdot r.$$

Damit ist $U_{\text{Ei}} \approx 28{,}78\,\text{cm}$, dies entspricht ungefähr 114,5 % des Kreisumfangs.

Der Flächeninhalt des Kreises beträgt $A_{\text{Kreis}} = \pi \cdot r^2 \approx 50{,}27\,\text{cm}^2$. Der Flächeninhalt des Eis ist $A_{\text{Ei}} = \frac{1}{2} \cdot \pi \cdot r^2 + 2 \cdot \pi \cdot (2 \cdot r)^2 \cdot \frac{1}{8} - \frac{1}{2} \cdot (2 \cdot r) \cdot \overline{MF} + \frac{1}{4} \cdot \pi \cdot (2 - \sqrt{2})^2 \cdot r^2$, also $A_{\text{Ei}} \approx 63{,}71\,\text{cm}^2$. Dies entspricht ungefähr 126,74 % des Kreisinhalts.

**3** *Münz-Experiment*

a) Die zweite (umlaufende) Münze dreht sich zweimal um sich selbst.

b) Wenn r der Radius der Münzen ist, dann bewegt sich die Bahn der äußeren (umlaufenden) Münze auf einem Kreis mit dem Radius 2r um den Mittelpunkt der ersten Münze. Die Bahn hat eine Länge von $4\pi r$.

c) $r_1 = r$, $r_2 = 3 \cdot r$, $A = \pi \cdot \left((3r)^2 - r^2\right) = 8 \cdot \pi \cdot r^2$

**211**

**4** *Wellblech*

a) Die Länge $l$ des Wellblechs ist gegeben durch $l = n_{\text{Halbkreise}} \cdot 8\,\text{cm}$ mit der Anzahl an Halbkreisen $n_{\text{Halbkreise}}$. Aus einem 300 cm langen Draht lassen sich $\frac{300\,\text{cm}}{\pi \cdot 4\,\text{cm}} \approx 23{,}87$ Halbkreise biegen. Das Wellblech hat demnach eine Länge von 190,99 cm.

b) Wegen $l = \frac{300\,\text{cm}}{r \cdot \pi} \cdot 2 \cdot r$ hängt die Länge des Wellblechs nicht vom Radius der gebogenen Halbkreise ab.

**5** *Buchenhecke*

Die Anlage hat einen Umfang von $U = \pi \cdot d \approx 292{,}17\,\text{m}$. Von diesem sollen $3 \cdot 3\,\text{m}$ frei bleiben, folglich sind ungefähr 283,17 m zu bepflanzen. Da auf alle 0,3 m ein Baum kommt, werden insgesamt $\frac{283{,}17\,\text{m}}{0{,}3\,\text{m}} \approx 944$ Bäume benötigt.

**6** *Münzen*

Der Durchmesser einer 1-€-Münze beträgt $d = 23{,}25\,\text{mm}$, ihr Flächeninhalt $A$ folglich $A = \left(\frac{23{,}25\,\text{mm}}{2}\right)^2 \cdot \pi \approx 424{,}56\,\text{mm}^2 \approx 4{,}25\,\text{cm}^2$.

a) Verbindet man die Mittelpunkte der Münzen, so ergibt sich ein gleichseitiges Dreieck der Seitenlänge 23,25 mm. Der Flächeninhalt $M$ des von den Münzen eingeschlossenen Mittelstücks beträgt damit $M = \frac{d^2}{4} \cdot \sqrt{3} - 3 \cdot \frac{1}{6} \cdot A \approx 21{,}79\,\text{mm}^2$.

b) Durch Umschreibung der Gesamtfläche der Münzen mit einem Quadrat der Kantenlänge $2 \cdot 23{,}25\,\text{mm} = 46{,}5\,\text{mm}$, welches sich in vier kleine Quadraten der Kantenlänge von 23,25 mm unterteilen lässt, wird ersichtlich, dass die „Restfläche", die man durch $(A_{\text{kleinesQuadrat}} - A_{\text{Münze}}) = (23{,}25\,\text{mm})^2 - \pi \cdot \left(\frac{23{,}25}{2}\right)^2 \text{mm}^2 \approx 116\,\text{mm}^2$ erhält, gerade der Größe des Innenstücks entspricht.

**7** *Bemerkenswerte Eigenschaften*

Wir nehmen an, dass 2 Kästchen 1 cm entsprechen.

a) $A_{\text{blau}} = 2 \cdot 4\,\text{cm}^2 - 2 \cdot A_{\text{weiß}}$; $A_{\text{weiß}} = \pi\,\text{cm}^2$
$\Rightarrow A_{\text{blau}} = (8 - 2 \cdot \pi)\,\text{cm}^2$
$A_{\text{orange}} = 2 \cdot \pi\,\text{cm}^2 = 2 \cdot A_{\text{weiß}}$
Der Umfang aller Teilflächen ist identisch, da er sich jeweils aus den gleichen Bögen und Kanten zusammensetzt.

b) $A_{\text{gelb}} = \pi\,\text{cm}^2$
$A_{\text{hellblau}} = A_{\text{violett}} = \left(\frac{1}{2} \cdot \pi \cdot 1^2 + \frac{1}{4} \cdot \pi \cdot 2^2 - \frac{1}{2} \cdot \pi \cdot 1^2\right)\text{cm}^2 = \pi\,\text{cm}^2$
$A_{\text{flieder}} = \left(\frac{1}{2} \cdot \pi \cdot 2^2 - 2 \cdot \frac{1}{2} \cdot \pi \cdot 1^2\right)\text{cm}^2 = \pi\,\text{cm}^2$
Die Umfänge der gelben und der fliederfarbenen Fläche sind gleich und sind $2\pi$ groß, die der anderen beiden Flächen $3\pi$.

**8** *Materialverbrauch*

a) Der Kreis hat einen Flächeninhalt von $A_{\text{Kreis}} = \frac{4}{9} \cdot \pi \cdot h^2$. Da das Dreieck gleichseitig ist, gilt $h = \frac{a}{2} \cdot \sqrt{3}$ und damit $A_{\text{Kreis}} = \frac{\pi}{3} \cdot a^2$.
Der Flächeninhalt $A_R$ des Reuleaux-Dreiecks ist gegeben durch
$A_R = 3 \cdot A_{\text{Segment}} - 2 \cdot A_{\text{Dreieck}}$; hierbei bezeichnet $A_{\text{Segment}}$ den Flächeninhalt des Kreissegments, welches von jeweils zwei Dreiecksseiten und einem roten Kreisbogen begrenzt wird, und $A_{\text{Dreieck}}$ ist der Flächeninhalt des Dreiecks. Es ist also $A_{\text{Segment}} = \frac{\pi \cdot a^2}{6}$ und $A_{\text{Dreieck}} = \frac{a^2}{4} \cdot \sqrt{3}$ und damit $A_R = \frac{a^2}{2} \cdot \left(\pi - \sqrt{3}\right)$.
Der Flächeninhalt des Reuleaux-Dreiecks beträgt also anteilig $\frac{A_R}{A_{\text{Kreis}}} \approx 67{,}3\,\%$ des Kreisinhaltes. Somit spart man fast 33 % an Material ein.

**211**  **8** b) Es ist $U_{rot} = 3 \cdot U_{Segmentbogen} = \dfrac{3 \cdot \pi \cdot 2 \cdot a}{6} = \pi \cdot a$ und

$$U_{blau} = \pi \cdot 2 \cdot \frac{2}{3} \cdot h = \frac{4}{3} \cdot \pi \cdot h = \frac{2}{3} \cdot \pi \cdot \sqrt{3} \cdot a = \frac{2}{3} \cdot \sqrt{3} \cdot U_{rot} \approx 1{,}15 \cdot U_{rot}.$$

**212**  **9** *Eine überraschende Entdeckung*
Der Gesamtinhalt aller Kreisflächen bei Stufe n beträgt $A_n = n^2 \cdot \pi \cdot \left(\dfrac{a}{2 \cdot n}\right)^2$, der Umfang
$U_n = n^2 \cdot \pi \cdot \dfrac{a}{n}$. Dies ist ersichtlich, da sich der Durchmesser der Kreisfläche bei Stufe n auf
das $\dfrac{1}{n}$-fache verringert. Die Anzahl der Kreise steigt quadratisch in Abhängigkeit von n und
kompensiert damit die n-Abhängigkeit im Ausdruck für den quadrierten, auf das $\dfrac{1}{2n}$-fache
verringerten Radius in der Formel für $A_n$. Dementsprechend bleibt der Flächeninhalt unabhängig der Konstruktionsstufe konstant, wie sich auch durch Ausformulieren der Ausdrü-
cke für $A_n$ und $U_n$ bestätigt: Man erhält auf diese Weise $A_n = \dfrac{\pi \cdot a^2}{4}$ bzw. $U_n = n \cdot \pi \cdot a$. Der
Umfang wächst folglich linear mit n, wie man auch mit obiger Betrachtung der Entwicklung
von Kreisanzahl und Durchmesser ohne Rechnung einsieht.

**10** *Wassersprenger*
Der Dreharm bildet den Radius des Bewässerungskreises:
r = 200 m
$A \approx 125\,663{,}7\,m^2 \approx 12{,}6\,ha$
Das entspricht etwa 11,6 Fußballfeldern, wobei eines einen Inhalt von ungefähr 1,08 ha
hat.

**11** *Jahresringe*
Die Dicke eines Jahresringes hängt im Wesentlichen vom Wetter des betreffenden Jahres
ab. Unterschiedlichkeiten des Wetters in einzelnen Jahren mitteln sich allerdings über einen
längeren Zeitraum heraus. Deshalb ist es sinnvoll, von einer durchschnittlichen Dicke der
Jahresringe zu sprechen.
Umfang: 1,50 m $\Rightarrow$ Durchmesser: 0,477 m $\Rightarrow$ 480 mm
Anzahl der Jahresringe (Alter des Baumes): 80 (Jahre)

**213**  **12** *Hochrad*
a) Der Umfang $U_V$ des Vorderrads beträgt $U_V = \pi \cdot 115\,cm$, der des Hinterrads
$U_H = \pi \cdot 30\,cm$. Damit ist für das Zurücklegen einer Wegstrecke von 1000 m eine
Umdrehungsanzahl von $\dfrac{1000\,m}{\pi \cdot 1{,}15\,m} \approx 276{,}79$ notwendig. Das Hinterrad dreht sich dabei
wegen $\dfrac{U_V}{U_H} \approx 3{,}83$ ungefähr $276{,}79 \cdot 3{,}83 \approx 1060{,}11$-mal.
b) Schüleraktivität.

**13** *Tachometer*
a) Am Sensor wird die Anzahl der Umdrehungen gemessen. Bei jeder Umdrehung legt das
Fahrrad die Stecke des Umfangs des Rades zurück.
Anzahl der Umdrehungen × Umfang des Rades = zurückgelegte Strecke
b) Durchmesser des Rades: 71,12 cm
Umfang: 223,43 cm                    Eingabe: 2234
c) Neuer Durchmesser: 70,72 cm
Umfang: 222,17 cm                    Eingabe: 2222
Es liegt eine Abweichung von etwa 0,56 % vor.

**213** (14) *Kilometerzähler*

a) $r \approx 31{,}725\,cm$ $\qquad U \approx 199{,}33\,cm$

Weg pro Minute: 2000 m

Umdrehungen: 1003 pro Minute

b) Reifenbreite: 205 mm

Verhältnis Höhe/Breite: 60 : 100

Reifenhöhe: 123 mm

Felgendurchmesser: 15 Zoll

Der Sommerreifen ist 10 mm breiter und 3,75 mm höher.

c) Je geringer die Profiltiefe ist, desto geringer ist auch der Umfang des Rades inkl. Reifen. Folglich ist die Anzahl der Umdrehungen pro Minute gegenüber einer Fahrt mit nicht ab-gefahrenen Reifen erhöht. Da der Kilometerzähler die Anzahl der Umdrehungen als Maß für die Geschwindigkeit nimmt, wird seine Angabe immer fehlerhafter, je stärker sich der Reifen abnutzt.

Sommerreifen mit Abmessungen aus b): $r \approx 31{,}35\,cm$ $\qquad U \approx 196{,}98\,cm$

Abgefahrene Reifen: $r \approx 30{,}65\,cm$ $\qquad U_2 \approx 192{,}58\,cm$

Streckenlänge mit abgefahrenen Reifen: 538 km

Tatsächlich gefahrene Strecke: 526 km (2,2 % weniger als angezeigt)

**214** (15) *Kreise auf der Erdkugel*

a) $\pi \approx 3{,}1 \Rightarrow U = 39\,543{,}6\,km$; $\pi \approx 3{,}14 \Rightarrow U = 40\,053{,}84\,km$

Differenz 510,24 km

b) Polarradius $r_p = 6357\,km \Rightarrow U = 39\,942{,}21\,km$

Da die Pole abgeplattet sind, ist der Radius hier kleiner und somit auch der Erdumfang.

(16) *Drake-Passage*

$r = 3190\,km \Rightarrow U = 20\,043{,}36\,km$

$v = \frac{s}{t} \Rightarrow t = 501\,h$

20 Tage 21 h bräuchte das Schiff, um diesen Breitenkreis zu umrunden.

(17) *In achtzig Tagen um die Welt...*

Radius am Äquator: $r = 6378\,km \Rightarrow U = 40\,074{,}16\,km$

80 Tage = 1920 h, $v = \frac{s}{t}$, $v = 20{,}9\,\frac{km}{h}$

Man müsste sich mit einer Durchschnittsgeschwindigkeit von $21\,\frac{km}{h}$ bewegen, um die Wette zu gewinnen.

(18) *Karussell auf dem Äquator*

a) $r = 6378\,km \Rightarrow U = 40\,074{,}16\,km$

$v = \frac{s}{t} \Rightarrow v = 1669{,}76\,\frac{km}{h} \approx 1670\,\frac{km}{h}$

b) Weil der Radius am Äquator am größten ist, ist der Weg hier am längsten, also muss man hier am „schnellsten" fahren. Je weiter man nach Norden bzw. Süden kommt, umso kleiner wird der Radius (Breitengrad). Da die Zeit gleich bleibt (24 h), muss die Geschwindigkeit kleiner werden.

**215** **19** *Das Band um den Äquator – eine unglaubliche Entdeckung*

a) Bei dieser Aufgabe reicht die Genauigkeit eines einfachen Taschenrechners nicht; hinzu kommt, dass die Angabe des Äquatorradius auf Meter genau auch nur ein gerundeter Wert ist.

Äquatorradius: 6 378,137 km

Äquatorumfang (Länge des Seils): 40 075,01669 km

Verlängerung um 1 m: 40 075,01769 km

Neuer Radius: 6 378,13716 km

Der Zwischenraum zwischen Seil und Erdoberfläche beträgt etwa 16 cm.

b) Unabhängig vom Durchmesser des Balles erhält man das gleiche Ergebnis wie in a). Der Zwischenraum beträgt rund 16 cm.

c) Länge des Seils: $4a$

Verlängerung um 1 m: $4a + 1$

Seitenlänge des „Seil-Quadrates":

$$\Rightarrow 2d = \tfrac{1}{4}m \Rightarrow d = \tfrac{1}{8}m = 12,5\,cm \text{ (unabhängig von der Länge } a)$$

d) Radius: $r$ $\Rightarrow$ Umfang: $2\pi r$ $\Rightarrow$ Verlängerung: $2\pi r + v$

$$\Rightarrow \text{ neuer Radius: } \frac{2\pi r + v}{2\pi} = r + \frac{v}{2\pi}$$

Der Abstand zwischen Seil und Kugel beträgt stets $\frac{v}{2\pi}$, unabhängig vom Radius der Kugel.

Für eine Verlängerung von $v = 1\,m$ ist der Abstand $\frac{1}{2}\pi \approx 15,9\,cm$.

Aus dem Diagramm aus der Marginalie liest man ab: Nimmt der Umfang eines Kreises um 1 m zu, so nimmt der Radius stets um einen konstanten Betrag (ca. 16 cm) zu, unabhängig von der Größe des Kreises (Proportionalität zwischen Radius und Umfang).

**20** *Geostationärer Satellit*

a) Der Erdradius $r$ beträgt ungefähr $r = 6350\,km$. Damit ist

$r_{Satellit} = r + 35\,786\,km = 42\,136\,km$, also $U_{Satellit} = 2 \cdot \pi \cdot r_{Satellit} \approx 264\,748,30\,km$.

b) Es ist $v_{Satellit} = \frac{U_{Satellit}}{24\,h} \approx 11\,031,18\,\frac{km}{h}$. Ein Punkt auf dem Äquator bewegt sich hingegen

mit $v_{Äquator} = \frac{2 \cdot \pi \cdot 6\,350\,km}{24\,h} \approx 1\,662,43\,\frac{km}{h}$.

c) Die genaue Position eines jeden Wohnortes (relativ zur Erde) lässt sich durch dessen Längen- und Breitengrade ermitteln. Auf diese Weise lässt sich der Radius des kreisförmigen Orbits bestimmen, den der Wohnort durch seine Bewegung im Laufe eines Tages beschreibt. Die weitere Rechnung erfolgt analog zu obiger.

**21** *Umlauf um die Sonne*

Es ist $U = 2 \cdot \pi \cdot 149,6 \cdot 10^6\,km \approx 940 \cdot 10^6\,km$. Die mittlere Geschwindigkeit $v$ beträgt damit

$v = \frac{940 \cdot 10^6\,km}{365\,d} \approx 2,58 \cdot 10^6\,\frac{km}{d}$.

| Planet | Merkur | Venus | Mars | Jupiter | Saturn | Uranus | Neptun | Pluto |
|---|---|---|---|---|---|---|---|---|
| Bahnlänge (in Mio. km) | 363,8 | 679,8 | 1 431,9 | 4 890,2 | 8 972 | 18 045 | 28 262 | 37 360 |
| Geschwindigkeit (in $\frac{km}{h}$) | 172 252 | 125 896 | 86 847 | 46 911 | 34 720 | 24 523 | 19 589 | 17 018 |

**216**

**22** *Erdvermessung*

a) $\alpha$ und $\beta$ sind Wechselwinkel an Geradenkreuzungen; deshalb sind die beiden Winkel gleich groß.

b) Idee: $\beta$ entspricht dem Winkel der (von Syene bis Alexandria) überstrichenen Kugeloberfläche mit Bogenlänge von 5000 Stadien und es gilt $\beta = \alpha$. Einer vollständigen Erfassung der Erdoberfläche entspricht der Winkel von 360°. Also ist

$$U_{\text{Eratosthenes}} = \frac{360°}{7,2°} \cdot 5\,000 = 250\,000.$$

c) Es ist $\dfrac{U_{\text{Erde}}}{U_{\text{Eratosthenes}}} = \dfrac{40\,000\,\text{km}}{0,185\,\text{km} \cdot 250\,000} \approx 0,86.$ Der von Eratosthenes ermittelte Umfang beträgt folglich ungefähr das 1,16-Fache des tatsächlichen Umfangs.

d) Wenn beide Orte auf demselben Meridian liegen, haben sie zur gleichen Zeit Mittag, d.h. den höchsten Sonnenstand. Nur dann sind die beiden Winkel (Syene 0°, Alexandria 7,2°) miteinander vergleichbar.

Die Orte liegen tatsächlich nur ungefähr auf demselben Meridian: Alexandria liegt etwa 30°, Assuan etwa 33° östlicher Länge.

**Kopfübungen**

1. $-7^6 < (-7)^6$; $2^5 > 5^2$; $(-1)^3 = (-1)^5$

2. Die Drahtlänge L ist $\dfrac{L}{\overline{AB}} = \dfrac{4 \cdot \frac{1}{4} \cdot 2 \cdot \pi}{4} \approx 1{,}57\text{-mal}$ so lang wie $\overline{AB}$.

3. $x = 5$

4. $\dfrac{4}{36} < 12\% < 0{,}\overline{12} < \dfrac{1}{8}$

5. $23\,\text{mm} = 0{,}023\,\text{m}$; $1{,}01\,\text{kg} = 1010\,\text{g}$; $0{,}25\,\text{h} = 900\,\text{s}$

6. $\dfrac{3}{36} = \dfrac{1}{12}$

7. $f(x) = 0{,}25 \cdot x - 0{,}5$

**217**

**23** *Die Möndchen des Hippokrates*

(1) $A_{\text{blau}} = \dfrac{1}{2} \cdot r^2$

$A_{\text{rot}} = \dfrac{1}{2}\pi\left(\dfrac{r}{2}\sqrt{2}\right)^2 - \left(\dfrac{1}{4}\pi r^2 - \dfrac{1}{2}r^2\right) = \dfrac{1}{4}\pi r^2 - \dfrac{1}{4}\pi r^2 + \dfrac{1}{2}r^2 = \dfrac{1}{2}r^2$

(2) $A_{\text{blau}} = a^2$

$A_{\text{rot}} = 2 \cdot \pi \cdot \left(\dfrac{a}{2}\right)^2 - \pi \cdot \left(\dfrac{a}{2} \cdot \sqrt{2}\right)^2 + a^2 = a^2$

(3) $A_{\text{blau}} = \dfrac{1}{2} \cdot d \cdot b$

$A_{\text{rot}} = \left(\dfrac{b}{2}\right)^2 \cdot \pi \cdot \dfrac{1}{2} + \pi \cdot \left(\dfrac{d}{2}\right)^2 \cdot \dfrac{1}{2} + \dfrac{1}{2} \cdot d \cdot b - \left(\dfrac{c}{2}\right)^2 \cdot \pi$; wegen $b^2 + d^2 = c^2$ folgt $A_{\text{rot}} = \dfrac{1}{2} \cdot d \cdot b$.

**24** *Die Sichel des Archimedes*

a) Schüleraktivität.

b) Schüleraktivität.

c) Es gilt $|\overline{AB}| = 2 \cdot r_1 + 2 \cdot r_2$.

Mit dem Höhensatz folgt $(2 \cdot r_3)^2 = 2 \cdot r_1 \cdot 2 \cdot r_2 = 4 \cdot r_1 \cdot r_2 \Leftrightarrow r_3 = \sqrt{r_1 \cdot r_2}$.

Außerdem gilt $2 \cdot r = 2 \cdot r_1 + 2 \cdot r_2 \Leftrightarrow r = r_1 + r_2$. Der Flächeninhalt des Kreises A ist gegeben durch $A = \pi \cdot r_3^2 = \pi \cdot r_1 \cdot r_2$. Der Flächeninhalt der Sichel $A_S$ ist

$A_S = \dfrac{1}{2} \cdot (\pi \cdot r^2 - \pi \cdot r_1^2 - \pi \cdot r_2^2) = \dfrac{\pi \cdot r^2}{2} - \dfrac{\pi}{2} \cdot (r_1^2 + r_2^2).$ Dies lässt sich schreiben als

$A_S = \dfrac{\pi \cdot r^2}{2} - \dfrac{\pi \cdot r^2}{2} + \dfrac{2 \cdot \pi}{2} \cdot r_1 \cdot r_2 = \pi \cdot r_1 \cdot r_2.$

**217** (25) *Das Salzfass des Archimedes*

Es ist $r_1 + r_4 = 2 \cdot r_2$, $r_1 = r_4 + 2 \cdot r_3$. Daraus folgt $r_2 = r_1 - r_3$, $r_4 = r_1 - 2 \cdot r_3$. Damit erhält man $A_{Salzfass} = \frac{1}{2} \cdot \pi \cdot r_4^2 + \frac{1}{2} \cdot \pi \cdot r_1^2 - 2 \cdot \frac{1}{2} \cdot \pi \cdot r_3^2$. Einsetzen des oben ermittelten Ausdrucks für $r_4$ liefert $A_{Salzfass} = \pi \cdot (r_1 - r_3)^2$. Mit dem Ausdruck für $r_2$ ist also $A_{Salzfass} = \pi \cdot r_2^2 = A_{Berührkreis}$.

**218** ## Projekt

Innenbahn: $r_i = 36{,}8\,m$

Länge der Laufbahn: $a_i = 2 \cdot 36{,}8 \cdot \pi + 2 \cdot 84{,}39 \approx 400{,}00\,m$

Innere Begrenzungslinie: $r_b = 36{,}5\,m \Rightarrow a_b \approx 398{,}12\,m$

Die innere Begrenzungslinie ist etwa 0,5 % kürzer als die Laufbahnlänge. Ein Läufer, der die 400 m in 50 s läuft, könnte theoretisch etwa 0,25 s einsparen.

| Laufbahn | Kurvenradius (in m) | Bahnlänge (in m) | Kurvenvorgabe (in m) | |
|---|---|---|---|---|
| | | | 400-m-Lauf | 200-m-Lauf |
| 1 | 36,80 | 400,00 | 0,00 | 0,00 |
| 2 | 37,92 | 407,04 | 7,04 | 3,52 |
| 3 | 39,14 | 414,70 | 14,70 | 7,35 |
| 4 | 40,36 | 422,37 | 22,37 | 11,18 |
| 5 | 41,58 | 430,03 | 30,03 | 15,02 |
| 6 | 42,80 | 437,70 | 37,70 | 18,85 |
| 7 | 44,02 | 445,37 | 45,37 | 22,68 |
| 8 | 45,24 | 453,03 | 53,03 | 26,52 |

# Kapitel 7
# Trigonometrie

## Didaktische Hinweise

Mit diesem Kapitel werden im Sinne des kumulativen Lernens eine Reihe von wichtigen Leitideen wieder aufgegriffen und fortgeführt. Das betrifft zunächst die Idee des Messens; viele bereits vorher im Zusammenhang mit geometrischen Konstruktionen behandelte Messverfahren werden nun einer rechnerischen Behandlung zugänglich gemacht.

Der Lernabschnitt **7.1** folgt dem bewährten Aufbau der Einführung der Winkelfunktionen am rechtwinkligen Dreieck. Die Definitionen werden aus vielfältigen realen Situationen, aber auch aus innermathematischen Fragestellungen heraus, motiviert. Viel Raum wird der Anwendung der Trigonometrie beim Messen unzugänglicher Strecken und Winkel gewidmet; damit werden die Methoden über Konstruktionen (Kongruenzsätze, zentrische Streckung) und die Anwendungen der Strahlensätze und des Satzes von Pythagoras weitergeführt und einer rechnerischen Behandlung zugänglich. In den vielfältigen Übungen werden neben dem notwendigen Training auch viele innermathematische geometrische und algebraische Zusammenhänge in Ebene und Raum angesprochen, daneben auch Anwendungen aus dem Alltag und in fächerübergreifenden Bezügen (Physik, Geographie, Astronomie, Sport). Zusätzlich wird viel Gelegenheit zur Weiterentwicklung der Problemlösefähigkeiten und -strategien geboten.

Im Lernabschnitt **7.2** werden mit dem Sinus- und Kosinussatz die Möglichkeiten, fehlende Längen und Winkel in Dreiecken zu berechnen, wenn sie mithilfe der gegebenen Größen eindeutig konstruierbar sind, zum Abschluss gebracht; was geometrisch konstruktiv lösbar ist, kann nun auch rechnerisch gelöst werden. Hier kann auch das Beweisen vertiefend geübt werden (S. 239), es bieten sich Möglichkeiten der Vernetzung mit bekannten Sachverhalten der Geometrie.

In einem größer angelegten Projekt „Vermessen und Rechnen im Gelände" können verschiedene Expertengruppen zu den Themen „Trigonometrische Messverfahren", „Messgeräte zur Trigonometrie", „Moderne Anwendungen der Trigonometrie" und „Landvermessung und Trigonometrie früher" eigenständig eine Exkursion vorbereiten, die dann gemeinsam ausgeführt und in einer Ausstellung und einer Dokumentation auf der Homepage der Schule präsentiert wird. Das Projekt ist so angelegt, dass in binnendifferenzierendem Sinne auch nur Teile bearbeitet werden können oder das Ganze arbeitsteilig behandelt wird.

# Lösungen

## 7.1 Winkelfunktionen am rechtwinkligen Dreieck

**224** **1** *Steigung und Gefälle*

a) In den Beispielen ist die Steigung zum Teil in Grad und zum Teil in Prozent angegeben. Um den Vergleich ziehen zu können, muss man erst umrechnen (vgl. b). Es ergibt sich folgende Reihenfolge (aufsteigend): B–A–D–C. Hinzukommt, dass hier Steigungen und Gefälle miteinander verglichen werden, was aufgrund des Vorzeichens schwierig ist.

b) Bei der Steigung in Grad gibt man den Winkel zwischen der Steigungsgeraden und der Horizontalen an. Bei der Steigung (m) in Prozent gibt man an, um wie viele Einheiten (b) die Steigungsgerade auf einer horizontalen Länge von 100 Einheiten (a) gestiegen ist. Rechnerische Methoden zur Umrechnung der einen Angabe in die andere werden in diesem Kapitel vorgestellt. Alternativ zeichnet man zu den Gradangaben jeweils zwei Schenkel, die den entsprechenden Winkel einschließen; auf diese Weise ergibt sich ein Steigungsdreieck, aus dem man die entsprechende Prozentangabe für die Steigung ablesen kann.

| 0° | 5° | 10° | 15° | 20° | 25° | 30° |
|---|---|---|---|---|---|---|
| 0,00 % | 8,75 % | 17,63 % | 27,00 % | 36,40 % | 46,63 % | 57,74 % |

| 35° | 40° | 45° | 50° | 55° | 60° |
|---|---|---|---|---|---|
| 70,02 % | 83,91 % | 100,00 % | 119,18 % | 142,81 % | 173,21 % |

c) Der Steigungswinkel einer senkrechten Wand beträgt 90°. Zu diesem Winkel lässt sich kein Steigungsdreieck mehr zeichnen (die Gegenkathete wäre unendlich lang, die Ankathete verschwindend klein) und folglich auch keine prozentuale Steigung definieren.

d) Till geht von einer Proportionalität der Zuordnung „Steigungswinkel → Steigung in Prozent" aus. In diesem Fall müsste der Quotient aus den sich jeweils entsprechenden Angaben in Grad und Prozent stets gleich sein. Um zu sehen, dass dies nicht der Fall ist, kann man zwei Wertepaare aus der Tabelle in b) jeweils in Verhältnis setzen und vergleichen:
$\frac{45}{100} = 0,45 \neq \frac{15}{27} \approx 0,56$. Folglich liegt keine proportionale Zuordnung vor.

**225** **2** *Rund ums Haus*

a) Einer Zeichnung kann man entnehmen: a ≈ 1,80 m; b ≈ 2,40 m

b) Mit dem Strahlensatz erhält man
$\frac{1,8}{3} = \frac{a}{4}$, $\frac{2,4}{3} = \frac{b}{4}$, also a = 2,4 und b = 3,2 bzw.
$\frac{1,8}{3} = \frac{a}{5}$, $\frac{2,4}{3} = \frac{b}{5}$, also a = 3 und b = 4.

**3** *Seitenverhältnisse und Winkel am rechtwinkligen Dreieck*

a) Unabhängig von den Seitenlängen der gezeichneten Dreiecke ergeben sich die gleichen Seitenverhältnisse:
$\frac{a}{b} \approx 0,58 \frac{a}{c} = 0,5 \frac{b}{c} \approx 0,87$ (bei α = 30°)
$\frac{a}{b} \approx 1,75 \frac{a}{c} \approx 0,87 \frac{b}{c} = 0,5$ (bei α = 60°)
Mögliche Erklärung: Die Dreiecke sind jeweils ähnlich zueinander.

**225** **3** b)

| | Kathete a | Kathete b | Hypotenuse c | Verhältnis a : c |
|---|---|---|---|---|
| Dreieck 1 | 5,1 cm | 8,8 cm | 10,2 cm | 0,5 |
| Dreieck 2 | 3,6 cm | 6,2 cm | 7,2 cm | 0,5 |
| Dreieck 3 | 2,5 cm | $2,5\sqrt{3}$ cm | 5 cm | 0,5 |
| Dreieck 4 | 3 cm | 4 cm | 5 cm | 0,6 |

Das Verhältnis $\frac{a}{c} = 0,5$ und der Winkel $\alpha = 30°$ gehören zusammen. Deshalb sind die Dreiecke 1, 2 und 3 ähnlich zu dem abgebildeten Dreieck.

c) Es ist $\frac{h}{(4\,\text{cm})} = 0,5$, also $h = 2$ cm. Damit ergibt sich der Flächeninhalt A zu

$$A = x \cdot h = \sqrt{(4\,\text{cm})^2 - (2\,\text{cm})^2} \cdot h \approx 6,93\,\text{cm}^2.$$

**4** *Besondere Seitenverhältnisse*

a) Der spitze Winkel in einem rechtwinklig-gleichschenkligen Dreieck mit Hypotenuse c und Kathete a beträgt 45°. Laut Pythagoras ist $c = \sqrt{2 \cdot a^2} = a \cdot \sqrt{2}$. Das Verhältnis der Katheten zueinander beträgt 1 und es ist $\frac{a}{c} = \frac{1}{\sqrt{2}}$.

b) Es gilt $a^2 + b^2 = c^2$, wobei $b = \frac{c}{2}$. Diese letzte Gleichung gilt deswegen, und nur dann, wenn das große Dreieck gleichseitig ist, also drei gleiche Winkel zu je 60° hat (das bedeutet, dass die zwei Dreiecke, die durch Einzeichnen der Höhe entstehen, Winkel zu 90°, 60° und 30° haben). Damit erhält man $a = \frac{c}{2}\sqrt{3}$. Das Verhältnis der Katheten zur Hypotenuse beträgt also $\frac{c}{2}\sqrt{3}\frac{1}{c} = \frac{\sqrt{3}}{2}$ und $\frac{c}{2}\frac{1}{c} = \frac{1}{2}$; zwei Katheten stehen miteinander im Verhältnis $\frac{c}{2}\frac{2}{c\sqrt{3}} = \frac{1}{\sqrt{3}}$. Wenn ein spitzer Winkel 60° ist, folgen die gleichen Seitenverhältnisse.

**227** **5** *Seitenverhältnisse und Winkel bestimmen*

a)

| | $\frac{a}{c}$ | $\frac{b}{c}$ | $\frac{a}{b}$ |
|---|---|---|---|
| $\alpha = 20°$ | 0,34 | 0,94 | 0,36 |
| $\alpha = 40°$ | 0,64 | 0,77 | 0,84 |
| $\alpha = 60°$ | 0,87 | 0,5 | 1,73 |

b)

| Verhältnis | $\alpha$ | $\beta$ |
|---|---|---|
| $\frac{a}{b} = \frac{3}{4}$ | 37° | 53° |
| $\frac{a}{c} = \frac{2}{5}$ | 24° | 66° |
| $\frac{b}{c} = \frac{1}{6}$ | 81° | 9° |

**6** *Training: Lösungsansätze finden*

a) $a = \sin(\alpha) \cdot c \approx 1,20$ cm

b) $b = \tan(\beta) \cdot a \approx 28,08$ cm

c) $\beta = \cos^{-1}\left(\frac{a}{c}\right) = 60°$

d) $a = \cos(\beta) \cdot c \approx 7,69$ cm

e) $b = \frac{a}{\tan(\alpha)} \approx 7,69$ cm

f) $b = \sqrt{c^2 - a^2} \approx 3,32$ cm

g) $\alpha = \tan^{-1}\left(\frac{a}{b}\right) \approx 30,26°$

h) $\beta = \tan^{-1}\left(\frac{b}{a}\right) \approx 59,74°$

**7** *Training: Fehlende Größen im Dreieck berechnen*

a) $a \approx 7,62$ cm, $b \approx 9,91$ cm, $\beta \approx 52,44°$

b) $c \approx 6,66$ cm, $\alpha \approx 54,16°$, $\beta \approx 35,84°$

c) $a \approx 4,69$ cm, $c \approx 8,01$ cm, $\alpha \approx 35,8°$

d) $a \approx 8,72$ cm, $\alpha \approx 68,14°$, $\beta \approx 21,86°$

e) $a \approx 7,81$ cm, $b \approx 6,56$ cm, $\alpha \approx 50°$

f) $b = 8$ cm, $\alpha \approx 36,87°$, $\beta = 53,13°$

**8** *Eine Leiter*

Es ist $\sin(15°) \cdot 4\,\text{m} = d$, also $d \approx 1,04$ m.

**228**

**9** *Unvollständige Angaben*

a) $\sin(65°) = \dfrac{b}{17\,\text{cm}} \Rightarrow b \approx 15,41\,\text{cm}$

b) $\cos(70°) = \dfrac{10\,\text{cm}}{c} \Rightarrow c \approx 29,24\,\text{cm}$

c) $\tan(\alpha) = \dfrac{8}{6} \Rightarrow \alpha = 53,13°$

d) $\sin(16°) = \dfrac{\left(\frac{s}{2}\right)}{5\,\text{cm}} \Rightarrow s \approx 2,76\,\text{cm}$

e) $\sin(25°) = \dfrac{g}{2r} \Rightarrow g \approx 10,14\,\text{cm}$

**10** *Diagonalen im Rechteck*

a) Allgemein gilt $\alpha = 2 \cdot \tan^{-1}\left(\dfrac{b}{a}\right)$ und $\beta = 180° - \alpha$. Damit ist

(1) $\alpha \approx 73,74°,\ \beta \approx 106,26°$

(2) $\alpha \approx 77,32°,\ \beta \approx 102,68°$

(3) $\alpha \approx 53,13°,\ \beta \approx 126,87°$

b) siehe a)

c) Falls $\alpha = 35°$, dann $\tan\left(\dfrac{35}{2}\right) = \dfrac{b}{12\,\text{cm}} \Rightarrow b \approx 3,78\,\text{cm}$.

Falls $\beta = 35°$, dann $\tan\left(\dfrac{180-35}{2}\right) = \dfrac{b}{12\,\text{cm}} \Rightarrow b \approx 38,06\,\text{cm}$

d) Es ist $\tan\left(\dfrac{70}{2}\right) = \dfrac{b}{a}$ für z. B. $a = 100$, $b = 70$ und $\tan\left(\dfrac{90}{2}\right) = \dfrac{a}{b}$ für $a = b$.

Im letzten Fall handelt es sich also um ein Quadrat.

**11** *Winkel im Würfel*

a) Es ist $\cos(\alpha) = \dfrac{\overline{DB}}{\overline{BH}} = \dfrac{a\sqrt{2}}{a\sqrt{3}} = \dfrac{\sqrt{2}}{\sqrt{3}}$.

b) Es ist $\overline{DH} = a \neq \overline{BD} = \sqrt{2 \cdot a^2} = a \cdot \sqrt{2}$. Das Dreieck ist rechtwinklig, da zwei seiner Seiten in den Flächen des Quaders liegen.

c) Es ist $\alpha = \cos^{-1}\left(\dfrac{\sqrt{2}}{\sqrt{3}}\right) \approx 35,27°$. Für die doppelte (dreifache) Kantenlänge ändern sich

Zähler und Nenner im Quotienten $\dfrac{\overline{DB}}{\overline{BH}}$ jeweils um einen Faktor $2\,(3)$, das Verhältnis bleibt also insgesamt gleich.

**12** *Winkel im Quader*

a) Es gilt $\tan(\alpha) = \dfrac{c}{\sqrt{a^2 + b^2}}$, also für (1) $\alpha \approx 18,54°$ und für (2) $\alpha \approx 22,98°$.

b) Es muss gelten: $\tan(30°) = \dfrac{c}{d} \approx 0,58$, wobei $d$ die Flächendiagonale bezeichnet.

Wähle z. B. $c = 58\,\text{cm}$ und $d = 100\,\text{cm}$, dann ist $d = \sqrt{a^2 + b^2}$ mit z. B. $a = 25\,\text{cm}$ und $b \approx 96,82\,\text{cm}$.

**13** *Winkel in einer Pyramide*

a) Man findet $\tan(\alpha) = \dfrac{h}{\left(\frac{d}{2}\right)}$, wobei $d$ die Diagonale der Grundfläche bezeichnet, $\dfrac{d}{2} = \dfrac{a\sqrt{2}}{2}$.

Damit ist $\alpha = \tan^{-1}\left(\dfrac{2h}{a\sqrt{2}}\right)$. Die Höhe $H$ des Seitendreiecks ist gegeben durch

$H = \sqrt{h^2 + \left(\dfrac{a}{2}\right)^2}$ und damit ist $\tan(\beta) = \dfrac{2H}{a} = \dfrac{2\sqrt{h^2 + \left(\frac{a}{2}\right)^2}}{a}$, also $\beta = \tan^{-1}\left(\dfrac{2\sqrt{h^2 + \left(\frac{a}{2}\right)^2}}{a}\right)$.

So erhält man für

(1) $\alpha \approx 35,26°,\ \beta \approx 54,74°$ und für (2) $\alpha = 70,53°,\ \beta = 76,37°$.

**228** **13** b) Man schreibt $\beta = \tan^{-1}\left(2\sqrt{\dfrac{h^2 + \dfrac{a^2}{4}}{a^2}}\right) = \tan^{-1}\left(2\sqrt{\dfrac{h^2}{a^2} + \dfrac{1}{4}}\right)$ und $\alpha = \tan^{-1}\left(\dfrac{2h}{a\sqrt{2}}\right)$.

    (1) Für festes a und veränderliches h gilt, dass das Argument des $\tan^{-1}$ wächst wenn h wächst und kleiner wird, wenn h kleiner wird. Somit werden β und α kleiner, wenn h kleiner wird und größer für größeres h.

    (2) Für festes h und veränderliches a gilt, dass das Argument des $\tan^{-1}$ mit wachsendem a kleiner, mit kleiner werdendem a größer wird. Wächst a, werden die Winkel also kleiner, wird a kleiner, werden die Winkel größer.

**229** **14** *Flächeninhalt eines Dreiecks*

a) Es ist $b \cdot \sin(\alpha) = h_c$. Zeichnet man außerdem die Höhen $h_a$ und $h_b$ ein, schreibt sich der Flächeninhalt $A = \dfrac{1}{2} \cdot c \cdot h_c = \dfrac{1}{2} \cdot c \cdot b \cdot \sin(\alpha)$ und analog mit der Grundseite a (b) und Höhe $h_a$ ($h_b$).

b) siehe a)

**15** *Flächeninhalt eines Parallelogramms*

a) Es ist $A_{\text{Parallelogramm}} = 2 \cdot A_{\text{Dreieck}} = \dfrac{2 \cdot 1}{2} \cdot \sin(\alpha) \cdot a \cdot b$.

    (1) $A \approx 13{,}72\,\text{cm}^2$                (2) $A \approx 14{,}86\,\text{cm}^2$.

b) Für die Konstruktion benötigt man noch den Winkel $\alpha = \sin^{-1}\left(\dfrac{A}{a\,b}\right)$.

    (1) $\alpha = 34{,}85°$                      (2) $\alpha = 30°$.

**16** *Straßengefälle*

a) Es ist $\tan(\alpha) = \dfrac{11}{100} \Rightarrow \alpha \approx 6{,}3°$. Außerdem gilt $h = 130\,\text{m} \cdot \sin(\alpha) \approx 14{,}27\,\text{m}$.

b) Aus dem Bild entnimmt man eine ungefähre Steigung von $\dfrac{1{,}2}{3{,}5} \approx 0{,}34$. Über eine Wegstrecke von 350 m hat man also eine Steigung von 34 %. Der verkleinerte Maßstab des Bildes spielt keine Rolle, da die Verhältnisse gleich bleiben.

**230** **17** *Höhenlinien*

a) Auf 400 m horizontaler Entfernung steigt die Straße um 20 m an. Steigungswinkel: 2,9°. Dies entspricht einer Steigung von 5 %.

b) Da die verschiedenen Höhen mittels der Linien nur mit diskreten Werten angegeben werden, kann man mit ihrer Hilfe lediglich einen Mittelwert für die Steigung bestimmen. Der Weg zwischen den Höhenlinien 1260 m bis 1280 m ist kürzer als der Weg von A nach B, daher ist die Steigung dort größer.

**18** *Flugzeug im Landeanflug*

a) Das Flugzeug sinkt um $\sin(3°) \cdot 5\,\dfrac{\text{km}}{\text{min}} = 0{,}26\,\dfrac{\text{km}}{\text{min}} = 260\,\dfrac{\text{m}}{\text{min}}$.

Die Geschwindigkeit über Grund $v_G$ beträgt dabei $v_G = \cos(3°) \cdot 300\,\dfrac{\text{km}}{\text{h}} \approx 299{,}59\,\dfrac{\text{km}}{\text{h}}$.

b) Es ist $\tan(\alpha) = \dfrac{h}{10\,\text{km}} \Rightarrow h \approx 0{,}52\,\text{km}$.

c) $\tan(5°) \cdot 10\,\text{km} \approx 0{,}87\,\text{km}$

Ist der Anflugwinkel steiler, so verkürzt sich auch die Einflugbahn (gemessen an der Horizontalen), sodass weniger Landfläche beschallt wird.

**19** *Gleitflug: Vögel*

a) Wenn $1 : b$ die Gleitzahl bezeichnet, dann hat der Vogel die beste Gleitfähigkeit, bei dem b im Vergleich am größten ist: Ihm gelingt es, den Höhenverlust im Absinken auf eine möglichst lange Flugstrecke (gemessen an der Horizontalen) auszudehnen. Dementsprechend ordnet man die Vögel, beginnend mit dem besten Gleiter: Kondor, Bussard, Möwe, Taube, Spatz.

**230**  **19** b) Der Gleitwinkel berechnet sich zu $\alpha = \tan^{-1}(\text{Gleitzahl})$:

| Vogel | Gleitwinkel in ° |
|-------|------------------|
| Kondor | 1,68 |
| Adler | 3,4 |
| Bussard | 3,81 |
| Möwe | 4,09 |
| Taube | 6,34 |
| Spatz | 9,46 |

c) Die Flugweite w ist $w = \frac{80\,\text{m}}{\tan(\alpha)}$, dementsprechend findet man

| Vogel | Flugweite in m |
|-------|----------------|
| Kondor | 2700 |
| Adler | 1350 |
| Bussard | 1200 |
| Möwe | 1120 |
| Taube | 720 |
| Spatz | 480 |

**231**  **20** *Bürohaus*

Entfernung $e = \frac{4,8}{\tan(4,4°)} \approx 62,4\,\text{m}$

Höhe $h = 4,8 + e \cdot \tan(36,2°) \approx 50,46\,\text{m}$

**21** *Segelschiff*

a) Laut Skizze ist $\tan(32°) = \frac{92\,\text{m}}{l} \Rightarrow l \approx 147,23\,\text{m}$.

b) Allgemein gilt $\alpha = \tan^{-1}\left(\frac{c \cdot h}{l}\right)$ mit $c < 1$.
Damit ist

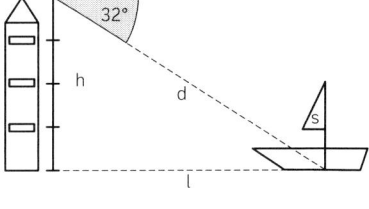

| c | α |
|------|--------|
| 0,25 | 8,88° |
| 0,5 | 17,35° |
| 0,75 | 25,11° |

Die Zuordnung Höhe → Winkel ist nicht proportional, da der Tangens bzw. die Umkehrung des Tangens keine lineare Funktion ist.

**22** *Die Höhe des Schulgebäudes*

Die Entfernung s des Theodoliten (Augenhöhe m) vom Schulgebäude (Höhe h) ist bekannt, man liest noch Tiefen- und Höhenwinkel ab und bekommt dann mit $\tan(\alpha) = \frac{h - m}{s}$ und $\tan(\beta) = \frac{m}{s}$, dass

$h = \frac{m \cdot \tan(\alpha)}{\tan(\beta)} + m$.

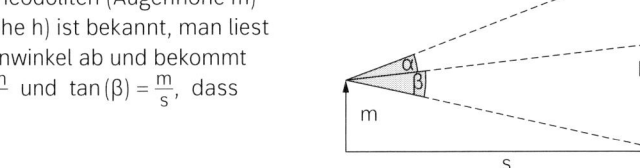

**23** *Aussagekräftige Stellvertreter*

a) Für $c = 1$ entsprechen Sinus und Kosinus gerade der Länge von Gegen- bzw. Ankathete.

(1) $\sin(28°) = a \approx 0,47$, $\cos(28°) = d \approx 0,88$

(2) $e = \sin(47°) \approx 0,73$, $f = \cos(47°) \approx 0,68$

(3) $g = \cos(75°) \approx 0,26$, $h = \sin(75°) \approx 0,97$

**231** **23** b) (A) – (3), (B) – (1), (C) – (2), (D) – (3), (E) – (1), (F) – (2)

Damit findet man die gesuchten Katheten:

(A) 1,16 m und 0,31 m     (B) 0,23 m und 0,44 m     (C) 0,88 m und 0,82 m

(D) 0,48 m und 0,13 m     (E) 0,56 m und 1,06 m     (F) 0,37 m und 0,34 m

**232** **24** *Zusammenhänge zwischen den Winkelfunktionen*

a) Am rechtwinkligen Dreieck mit Hypotenuse 1 und Katheten x, y sieht man mit $\sin(\alpha) = y$, $\cos(\alpha) = x$, dass $x^2 + y^2 = 1$. Da $\alpha + \beta = 90°$, ist $\sin(\alpha) = y = \cos(\beta) = \cos(90° - \alpha)$ und $\cos(\alpha) = x = \sin(\beta) = \sin(90° - \alpha)$. Außerdem ist $\tan(\alpha) = \frac{y}{x} = \frac{\sin(\alpha)}{\cos(\alpha)}$. Für $\alpha = 90°$ verschwindet der Kosinus, folglich ist der Tangens dort nicht definiert.

b) Wie unter a) erläutert, ist $x^2 + y^2 = 1$. Dies entspricht dem trigonometrischen Pythagoras, da 1 die Hypotenuse und x, y die Katheten eines rechtwinkligen Dreiecks sind.

**25** *Exakte Werte ohne Taschenrechner*

a) $\sin(0°) = 0$, $\sin(30°) = \frac{a}{2} \cdot \frac{1}{a} = \frac{1}{2}$, $\sin(45°) = \frac{a}{a\sqrt{2}} = \frac{1}{\sqrt{2}} = \frac{\sqrt{2}}{2}$

$\sin(60°) = \frac{a}{2}\sqrt{3} \cdot \frac{1}{a} = \frac{\sqrt{3}}{2}$, $\sin(90°) = 1$

$\cos(0°) = 1$, $\cos(30°) = \frac{a}{2}\sqrt{3} \cdot \frac{1}{a} = \frac{\sqrt{3}}{2}$, $\cos(45°) = \frac{a}{a\sqrt{2}} = \frac{1}{\sqrt{2}} = \frac{\sqrt{2}}{2}$

$\cos(60°) = \frac{a}{2} \cdot \frac{1}{a} = \frac{1}{2}$, $\tan(0°) = 0$, $\tan(30°) = \frac{a}{2} \cdot \frac{2}{\sqrt{3}a} = \frac{1}{\sqrt{3}} = \frac{\sqrt{3}}{3}$

$\tan(45°) = \frac{a}{a} = 1$, $\tan(60°) = \frac{a\sqrt{3}}{2} \cdot \frac{2}{a} = \sqrt{3}$

Der Tangens vom rechtem Winkel ist nicht definiert.

b) Die trigonometrischen Funktionen sind nicht linear, folglich sind Kais Folgerungen falsch.

**26** *Exakte Werte mit Taschenrechner?*

- Für die Bearbeitung dieser Aufgabe muss man sich nochmal das Basiswissen von Seite 230 ins Gedächtnis rufen. Das Argument vom $\tan^{-1}$ gibt dann gerade die jeweilige Steigung an, mit $\Delta x = 1$. Den y-Achsenabschnitt b kann man mit den gegebenen Daten nicht bestimmen.

- Die Ausgabe $\tan^{-1}(10^{11})$ ist komisch, da als Ergebnis 90° rauskommt und $\tan(90°)$ nicht definiert ist. Hier hat der Rechner gerundet. Auch beim letzten Ergebnis wurde gerundet.

## Kopfübungen

1. Alle Dreiecke haben denselben Flächeninhalt.

2. $(x, y) = \left(1, \frac{2}{5}\right), \left(2, \frac{4}{5}\right), \left(3, \frac{6}{5}\right) \ldots$

Der Graph verläuft linear durch den Koordinatenursprung mit positiver Steigung.

3. $\frac{1}{30}$

4. $(x + 7x)^2 = 64x^2$

5. $2\pi$, $1 + \sqrt{2}$

6. $P(M, M) = \frac{10 \cdot 9}{25^2} = 0,144$

7. $4\,\text{mm} \cdot 2\,\text{mm} - 2 \cdot \pi \cdot 1^2 \cdot \text{mm}^2 \approx 1,717\,\text{mm}^2$

**233** **27** *Wie bauten die Ägypter ihre Pyramiden?*

$\tan(51°) \approx 1,25$

Die Ägypter könnten auf jeweils 4 horizontalen Längeneinheiten um 5 vertikale Längeneinheiten hoch gebaut haben.

**233** 28 *Ein Näherungsverfahren für π mithilfe trigonometrischer Formeln*

a) Je größer die Zahl n der Ecken für das einbeschriebene bzw. umbeschriebene Vieleck ist, desto kleiner wird die Fläche F zwischen den beiden n-Ecken. Für $n \to \infty$ geht $F \to 0$.

b) Der Mittelwert beträgt $0{,}5 \cdot \left(\frac{223}{71} + \frac{22}{7}\right) \approx 3{,}14185$. Zum Vergleich: $\pi \approx 3{,}14159\ldots$

c) Es ist $\alpha = \frac{360°}{n}$ und $\frac{\frac{s_n}{2}}{r} = \sin\left(\frac{\alpha}{2}\right) \Rightarrow s_n = \sin\left(\frac{180°}{n}\right)$.

Damit ist $U(n) = n \cdot s_n = n \cdot \sin\left(\frac{180°}{n}\right)$.

d)

| n | U(n) | O(n) |
|---|------|------|
| 6 | 3 | 3,464 102 |
| 12 | 3,105 828 5 | 3,215 390 3 |
| 100 | 3,141 075 9 | 3,142 626 6 |
| 1000 | 3,141 587 5 | 3,141 603 0 |
| 10 000 | 3,141 592 6 | 3,141 592 8 |

Man hat π auf 6 Nachkommastellen eingeschachtelt: $\pi = 3{,}141\,592\ldots$

29 *Eine Sehnenformel*

a) Berechne zunächst den Winkel β mithilfe des Gesamtumfangs des Kreises und der Länge des Kreisbogens: $\beta = \frac{360°}{U} \cdot b = \frac{360°}{2 \cdot 3 \cdot \pi} \cdot 6{,}28 = 119{,}94°$

Dann ergibt sich mit der Formel aus b): $a = 2 \cdot r \cdot \sin\left(\frac{\beta}{2}\right) = 5{,}2\,\text{cm}$

b) Man betrachtet das rechtwinklige Dreieck mit dem Winkel α, der Hypotenuse r und der Gegenkathete zum Winkel α, die durch die Strecke $\overline{BD} = \frac{a}{2}$ gegeben ist. Dann gilt

$\sin(\alpha) = \frac{\frac{a}{2}}{r}$, was umgeformt die Sehnenformel liefert.

## 7.2 Trigonometrie am beliebigen Dreieck

**234** 1 *Straßentunnel*

a) Schüleraktivität.

b) Es ist $h = c \cdot \sin(\beta) \approx 2{,}121\,\text{km}$. Damit erhält man die Länge des Tunnels l durch

$l = \frac{h}{\sin(\gamma)} \approx 5{,}019\,\text{km}$. In dieser Berechnung macht man sich also die trigonometrischen Sätze zunutze, während die Tunnellänge unter a) geometrisch ermittelt wird.

2 *Berechnung mit zwei neuen Sätzen*

a) Schüleraktivität.

b) Es ist $\overline{HG}^2 = (4200\,\text{m})^2 + (3500\,\text{m})^2 - 2 \cdot 4200\,\text{m} \cdot 3500\,\text{m} \cdot \cos(53°)$

und damit $\overline{HG} \approx 3492{,}37\,\text{m}$. Ist α der Winkel am Punkt G, dann ist $\frac{\sin(\alpha)}{3500\,\text{m}} = \frac{\sin(53°)}{\overline{HG}}$,

also $\alpha \approx 53{,}16°$. Über die Winkelsumme im Dreieck erhält man dann den dritten Winkel $\approx 73{,}84°$.

**235** **3** *Winkelfunktionen für stumpfe Winkel*

| α | sin (α) | cos (α) | tan (α) |
|------|---------|---------|---------|
| 105° | 0,97 | −0,26 | −3,73 |
| 120° | 0,87 | −0,5 | −1,73 |
| 135° | 0,71 | −0,71 | −1 |
| 150° | 0,5 | −0,87 | −0,58 |
| 165° | 0,26 | −0,97 | −0,27 |
| 180° | 0 | −1 | 0 |

Vermutung: Für $90° < α \le 180°$ gilt:
$\sin(α) = \sin(180° − α)$
$\cos(α) = −\cos(180° − α)$
$\tan(α) = −\tan(180° − α)$

**4** *Winkelfunktionen am Einheitskreis*

a) Die Punkte A, B und C bilden ein Dreieck, wobei die Hypotenuse die Länge 1 hat und die Gegenkathete zum Winkel α die Länge des y-Werts von B hat und die Ankathete dem x-Wert von B entspricht. Dadurch ergeben sich die Koordinaten $B\big(\cos(α)\,|\,\sin(α)\big)$.

b) Durch diese Aufgabe sollen die Zusammenhänge $\sin(α) = \sin(180° − α)$ und $\cos(α) = −\cos(180° − α)$ für Winkel zwischen 90° und 180° entdeckt werden.

c) Da der Tangens der Quotient aus Gegen- und Ankathete des Winkels α ist und die Ankathete in dieser Konstruktion 1 ist, gibt die y-Koordinate des Punktes E den Wert des Tangens zum Winkel α an. Für Winkel nahe an 90° wird dieser Wert sehr groß, sodass es schwierig wird dies noch gut übersichtlich darzustellen.

| α | 15° | 30° | 45° | 60° | 75° | 80° | 85° | 89° | 90° |
|--------|-------|-------|-----|-------|-------|-------|-------|-------|----------------|
| tan (α) | 0,268 | 0,577 | 1 | 1,732 | 3,732 | 5,671 | 11,43 | 57,29 | Nicht definiert |

**237** **5** *Konstruieren und Rechnen*

a) Es ist $c = \sqrt{a^2 + b^2 − 2a \cdot b \cdot \cos(γ)} \approx 9{,}03\,\text{cm}$ und damit

$\dfrac{a}{\sin(α)} = \dfrac{c}{\sin(γ)} \Rightarrow α = \sin^{-1}\left(\dfrac{a \cdot \sin(γ)}{c}\right) \approx 31{,}36°.$

Somit findet man $β = 180° − α − γ \approx 38{,}64°.$

b) Es ist $α = 180° − β − γ = 48°$ und damit $c = \dfrac{b \cdot \sin(γ)}{\sin(β)} \approx 4{,}26\,\text{cm}$

und $a = \dfrac{b \cdot \sin(α)}{\sin(β)} = 3{,}37\,\text{cm}.$

c) Es ist $γ = \sin^{-1}\left(\dfrac{c \cdot \sin(α)}{a}\right) \approx 48{,}34°$ und damit $β = 180° − γ − α \approx 36{,}66°.$

Somit erhält man $b = \dfrac{a \cdot \sin(β)}{\sin(α)} \approx 4{,}97\,\text{cm}.$

d) Aus $b^2 = a^2 + c^2 − 2a \cdot c \cdot \cos(β)$ ergibt sich $b \approx 3{,}51\,\text{cm}.$

Damit ist $γ = \sin^{-1}\left(\dfrac{c \cdot \sin(β)}{b}\right) \approx 78{,}66°$ und $α \approx 66{,}34°.$

e) $β = 104{,}8°$ und damit $a = \dfrac{c \cdot \sin(α)}{\sin(γ)} \approx 3{,}51\,\text{cm}$ und $b = \dfrac{c \cdot \sin(β)}{\sin(γ)} \approx 6{,}04\,\text{cm}.$

f) Aus $a^2 = b^2 + c^2 − 2b \cdot c \cdot \cos(α)$ ergibt sich $α = \cos^{-1}\left(\dfrac{−a^2 + b^2 + c^2}{2bc}\right) \approx 47{,}23°.$

Damit findet man $β = \sin^{-1}\left(\dfrac{b \cdot \sin(α)}{a}\right) \approx 78{,}15°$ und schließlich $γ \approx 54{,}62°.$

**237**

**6** *Zum Nachdenken*

a) Der Satz des Pythagoras bezieht sich auf ein rechtwinkliges Dreieck.
Es ist also einer der Winkel $\alpha$, $\beta$ oder $\gamma$ ein rechter Winkel.
Kosinussatz für z. B. $\gamma = 90°$:
$c^2 = a^2 + b^2 - 2\,a\,b \cdot \cos(90°)$
Mit $\cos(90°) = 0$ ist der Satz des Pythagoras aus dem Kosinussatz entstanden, also ein Spezialfall.

b) Mit dem Term $-2\,a\,b \cdot \cos(\gamma)$ wird der Satz des Pythagoras, der nur für rechtwinklige Dreiecke gilt, für beliebige Dreiecke verallgemeinert.

**7** *Kongruenzsätze und passende Berechnungen*

a) Kosinussatz

b) Man betrachtet eine Planskizze wie im Basiswissen. Gegeben sind die Winkel $\alpha$ und $\beta$ sowie die Seite c. Man findet nun leicht $\gamma = 180° - \alpha - \beta$. Mit dem Sinussatz ergeben sich daraus Formeln zur Berechnung der beiden verbleibenden Seiten:

$$a = \frac{c \cdot \sin(\alpha)}{\sin(\gamma)}, \quad b = \frac{c \cdot \sin(\beta)}{\sin(\gamma)}$$

**238**

**8** *Seite-Seite-Winkel*

a) $\alpha$ ist der Gegenwinkel der kleineren der beiden gegebenen Seitenlängen. Ein solches Dreieck ist nicht eindeutig konstruierbar, sondern kann, je nach Länge der kleineren Seite, keine Lösung, genau eine Lösung oder auch zwei Lösungen haben.

b) $\sin(\gamma_1) = \dfrac{c \cdot \sin(45°)}{a}$, also $\gamma_1 \approx 62{,}1°$.
Wegen $\sin(\alpha) = \sin(180° - \alpha)$ erhält man
$\gamma_2 = 180° - \gamma_1 \approx 117{,}9°$.

c) Hier gilt der Kongruenzsatz SsW.
$\beta \approx 100{,}55°$, $\gamma \approx 34{,}45°$, $b \approx 6{,}95\,\text{cm}$

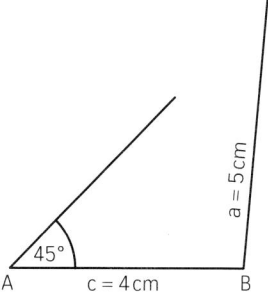

**9** *Bestimmung von unzugänglichen Streckenlängen*

a) $135{,}5\,\text{m}$ 　　　 b) $19{,}99\,\text{m} \approx 20{,}0\,\text{m}$ 　 c) $4{,}24\,\text{km}$ 　　　 d) $43{,}5\,\text{m}$

**10** *Zwei Krabbenkutter*

Die Kurse kreuzen sich in P. Albert legt bis P noch ungefähr 7,109 sm zurück, er braucht dafür etwa 17,8 min. Berta legt bis P noch circa 7,590 m zurück und braucht dafür ungefähr 17,5 min. Die Schiffe verfehlen sich um etwa 15 Sekunden.

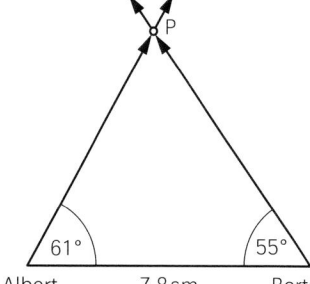

**238** **11** *Hafeneinfahrt*

Gesucht: $\overline{SB}$

Winkelsumme im Dreieck: $\gamma = 180° - 86° - 62° = 32°$

Sinussatz: $\overline{SB} = \dfrac{520 \cdot \sin(86°)}{\sin(32°)} \approx 979\,\text{m}$

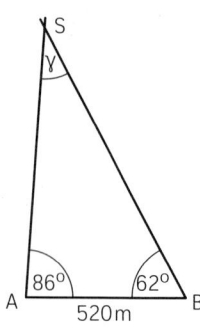

**239** **12** *Heißluftballon*

a) $\dfrac{h}{320 + x} = \tan(39°)$

$\dfrac{h}{x} = \tan(54°) \ \Rightarrow\ x \approx 457,35\,\text{m}$

$h = x \cdot \tan(54°) \approx 629,5\,\text{m}$

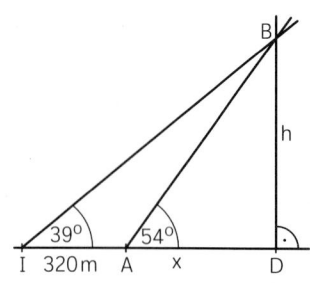

b) In 10 min treibt der Ballon etwa 666,67 m nach Osten.

$\tan(\alpha) \approx \dfrac{629,5}{1444,0} \ \Rightarrow\ \alpha \approx 23,6°$

$\tan(\beta) \approx \dfrac{629,5}{1124,0} \ \Rightarrow\ \beta \approx 29,3°$

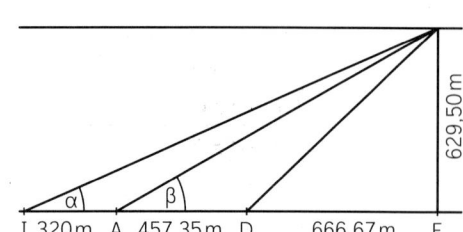

**13** *Beweise des Sinussatzes*

(A) Linkes Bild: Hier gilt $\sin(\alpha) = \dfrac{h}{b}$ und $\sin(\beta) = \dfrac{h}{a}$. Daraus folgt sofort $a \cdot \sin(\beta) = b \cdot \sin(\alpha)$
und damit $\dfrac{a}{\sin(\alpha)} = \dfrac{b}{\sin(\beta)}$. Entscheidend ist hierbei also, dass man zwei verschiedene
Ausdrücke für dasselbe $h$ gleichsetzen kann.

Rechtes Bild: Hier ist $\sin(\delta) = \dfrac{h}{b} = \sin(180° - \alpha) = \sin(\alpha)$ und $\sin(\beta) = \dfrac{h}{a}$. Damit folgt
wieder $\dfrac{a}{\sin(\alpha)} = \dfrac{b}{\sin(\beta)}$.

Analog verfährt man in beiden Fällen für die zweite Relation des Sinussatzes; hierfür
benötigt man dann noch die Höhe auf $b$.

(B) a) Der Flächeninhalt eines Dreiecks ist allgemein gegeben durch die Relation
$\dfrac{1}{2} \cdot$ Grundfläche $\cdot$ Höhe. Für die Wahl von Grundfläche und darauf stehender Höhe gibt
es drei Möglichkeiten:

$A = \dfrac{1}{2} \cdot c \cdot h_c = \dfrac{1}{2} \cdot b \cdot h_b = \dfrac{1}{2} \cdot a \cdot h_a$.

Hierbei gilt $h_a = \sin(\gamma) \cdot b$, $h_b = \sin(\alpha) \cdot c$ und $h_c = \sin(\beta) \cdot a$.

b) Mit obigen Relationen für die drei Höhen erhält man durch Gleichsetzen jeweils zweier den Flächeninhalt beschreibender Paare $\dfrac{a}{\sin(\alpha)} = \dfrac{c}{\sin(\gamma)}$ und $\dfrac{a}{\sin(\alpha)} = \dfrac{b}{\sin(\beta)}$. Damit
ist dann auch $\dfrac{b}{\sin(\beta)} = \dfrac{c}{\sin(\gamma)}$.

**239**  **14** *Beweis des Kosinussatzes*

Die Angaben in der Skizze ergeben sich durch Anwendung der bekannten Sätze für rechtwinklige Dreiecke auf die zwei entstehenden Dreieck, wenn man die Höhe (rote Linie) einzeichnet.

Damit ergibt sich:

$c^2 = a^2 \cdot \sin^2(\gamma) + b^2 - 2a \cdot b \cdot \cos(\gamma) + a^2 \cos(\gamma)$

$c^2 = a^2\left(\sin^2(\gamma) + \cos^2(\gamma)\right) + b^2 - 2a \cdot b \cdot \cos(\gamma) = a^2 + b^2 - 2a \cdot b \cdot \cos(\gamma)$

Für ein stumpfwinkliges Dreieck: Der Satz des Pythagoras führt zu folgendem Ansatz:

$c^2 = (a \cdot \sin(\gamma))^2 + (b - \cos(\gamma))^2$

Weiter wie oben.

## Kopfübungen

1. $\sqrt{2} \cdot \sqrt{4{,}5} = 3$
2. ... wenn man die Länge der beiden Seiten kennt.
3. $x^2 - 1{,}44 = (x - 1{,}2)(x + 1{,}2)$
4. Schätzung auf $\pi$ l, exakt $V = \pi \cdot r^2 \cdot h \approx 3{,}14\,dm^3 \approx 3{,}14\,l$.
5. Arithmetisches Mittel: 9,625; Spannweite: 17
6. $\sqrt{a} \cdot \sqrt{a} = a$, $\sqrt[3]{b} \cdot \sqrt[3]{b} \cdot \sqrt[3]{b} = b$
7. $U(x) = 2 \cdot \pi \cdot (r + x) = 2\pi(3 + x)$ (linear)

**240**  **15** *Wurfweiten messen*

Es ist $\overline{MI} = 20\,m$, $\overline{MZ} = 1$, $w(d, \alpha) = \sqrt{400 + d^2 - 2 \cdot 200 \cdot d \cdot \cos(\alpha)} - 1{,}25$. Hierzu ist ein Tabellenkalkulationsblatt zu erstellen. Ergebnis:

| Messung d | 45,346 m | 56,25 m | 62,451 m | 53,172 m |
|---|---|---|---|---|
| Messung α | 82,32° | 76,56° | 76,48° | 100,91° |
| Weite | 45,80 m | 53,90 m | 59,71 m | 59,00 m |

**241**  **Projekt**

*Schüleraktivität.*